L'ART DES FONTAINES,

C'EST A DIRE,

Pour trouuer, esprouuer, assembler, mesurer, distribuer, & conduire les Sources dãs les lieux publics & particuliers; d'en rendre la conduite perpetuelle; Et de donner par Art des Eaux coulantes aux lieux, où elles manquent par nature.

AVEC L'ART DE NIVELER

Et par le Niveau de connoistre les hauteurs des Sources sur le lieu où on veut les conduire; Les bornes des Estang qu'on veut faire; & les Terres qu'on doit inonder; Le moyen de dessecher les Marais & lieux trop humides; de faire des Canaux soit à porter batteaux soit à faire floter le bois, soit à joindre les Mers & les Rivieres, & à rendre celles-cy navigables.

EDITION SECONDE.

Par le P. Iean François de la Compagnie de IESVS.

A RENNES,
Chez P. HALLAVDAYS, Impr. rue S. Germain à la Bible d'Or;
Où se vend le Liure. M. DC. LXV.

TABLE DES MATIERES CONTENVES en ce Liure.

L'ART DE NIVELER.

Fin de la Table.

L'ART, ET LA MANIERE DE TROVVER, D'ESPREVVER, D'ASSEMBLER, DE MESVRER ET DE conduire les Sources dans des lieux publics & particuliers, & de rendre par Regles infallibles les Fontaines perpetuelles.

CHAP. I. & Procemial.

La fin & les moyens en general de ce Traité.

§. 1. *La fin & le dessein de ce Traité.*

DIEV voyant les Eaux necessaires à la composition & conseruation des Mixtes, des Plantes, & des Animaux, en a fait la distribution si grande, que la quantité en est plûtost excessiue que defectueuse: si entiere qu'il n'y a petit gra[illegible], ny brain d'herbe, qui n'en aye sa part par les gouttes de pluies, qui les nourrissent: Si admirable dans les manieres qu'il tiét pour en faire vne cõmunication vniuerselle, que ie ne sçache sujet naturel, sur lequel paroisse si visiblement la Bonté diuine par le don d'vn bien si vtile; La Sagesse par les inuentions de tant & de si diuers moyẽs, qu'il employe pour en laisser par tout l'vsage, & que ie descris en la 2e. Partie de la science des Eaux, & la Toute-Puissance dans l'execution & le succés tres-efficace de ces moyens: comme on peut le reconnoistre dans ce don & ce benefice de l'eau qui est dans la terre, ce que le sang est dans le corps.

Et si l'on dit que l'on trouue plusieurs lieux dépourveus de cét Element, ou qui en sont trop éloignez, on remarquera bien tost, qu'ils n'en sont pas tellement priuez qu'ils n'ayent le moyen de l'approcher & de se l'approprier: Et il y a des eaux si bié disposées a recevoir la conduite des Fontaines, qu'il semble que Dieu vueille par vne situation si fauorable conuier les proprietaires des lieux à acheuer son ouvrage & faire à son imitation pour des lieux particuliers, ce qu'il fait en tant d'endroits pour des publics.

Et pour monstrer que ce ne sont pas les eaux qui manquent d'ordinaire aux hommes; mais que ce sont les hommes qui manquét aux eaux, soit de sçauoir, & de soin pour les chercher, soit d'inuentions, de travail, & de richesses pour les conduire: On peut le voir dans tant de Villes & maisons de Noblesses, & autres qui les ont trouvées & conduites non seulement pour leurs necessitez, & commoditez: mais encore pour leurs plaisirs. Si Rome, si Paris, si tant de Maisons, qui sont à l'entour en trouvent: Si on y fait tant de Fontaines, de Reservoirs, de Grottes, de jets d'Eau, que le nombre en seroit incroyable: il faut se persuader que les autres terres de mesme estenduë n'en ont pas moins: puis qu'elles ont les mesmes necessitez, & contiennent les mesmes causes; si bien moins de personnes de moyen pour entreprendre la dépense de leur conduite: On le peut encore prouver par les Rivieres particulieres d'vn pays, qui ne sont autres que les amas des sources des Fontaines, que le pays produit. Et qui povrroit mesurer ces eaux, à la sortie d'vn pays, qui sera ou l'emboucheure dans la Mer, ou dans vn grand Fleuve, diroit l'abondance des eaux qui naissent en tel pays, & en conclurroit l'vniuersalité.

La fin donc de ce Traité est de donner le moyé de se seruir des Eaux, que la nature nous presente en diuers endroits proches de nos demeures, pour les conduire dans les Villes, Maisons, Iardins, Moulins, & autres lieux pour la santé des hommes, & autres animaux, pour la netteté & commodité des Offices; pour la fecondité des terres, qui en sont arrousées, pour la nourriture des poissons dans les Reservoirs, pour le mouuement des Roües, & par tel mouvement pour mille vsages; bref pour la recreation des hommes.

§. 2. Trois manquemens des hommes touchant la conduite des Eaux, desquels ce Traité donne les remedes.

LE premier est de ceux, qui choisissent leur demeure és lieux où l'eau manque : Le second de ceux qui ayant abondance ou suffisance d'eau n'ont pas l'industrie de la conduire, & de s'en seruir : Le troisiéme de ceux, qui ayant les eaux & leur conduite ne sçauent pas l'entretenir & la continuer.

Le premier manquement; Les hommes d'ordinaire au lieu de choisir pour leur demeure des lieux auantagez de la nature, pour contribuer à leurs propres & personnelles commoditez, & à leur santé, qui s'entretient particulierement par la bonté de l'Air & des Eaux, bastissent & s'établissent en des endroits où ils trouvent des commoditez pour y loger la recolte des biens que la terre leur donne, & où ils trouvent des materiaux à meilleur prix. Et ainsi oubliant les considerations personnelles, qui devroient estre les premieres & la fin des autres, s'arrestent sur celles des biens temporels, apres quoy ils recherchent les autres: mais souvent c'est trop tard, & auec des dépenses si excessiues que les frais surpassent le profit. Et quand à l'air il le faut respirer tel qu'il est sans qu'on y puisse remedier : Pour l'eau on la peut choisir, & ne se seruir que de bonnes, qu'il faudra souvent aller querir bien loin: Si les riches ont leur boisson bien differente de celle des pauvres, ils ont la respiration commune & d'vn mesme air. I'ay veu peu de personnes, qui ayent recherché pour les bastimens vn lieu sain, commode, & precipué des dons de nature, plusieurs le choisissent par rapport à leurs biens plûtost qu'à leur personne.

Le second manquement; Les mesmes hommes ayant les eaux à commodité: c'est à dire, saines, bonnes, abondantes, perpetuelles, proches, & éleuées, ne rencontrent pas des Fontainiers habiles & fidelles. Car certes il y a tant de diuersitez dans le mélange, la sortie, la pression, & le mouvement des Eaux, dans leur formation, éleuation, continuation, perpetuité, mélange, comme on pourra voir dans la Science des Eaux, & dans les diuers aduis & précautions que ie declare en ce Traité, qu'on jugera incôtinent, que si c'est aux simples Fontainiers de joindre les Tuïaux, de les affeoir, de faire les Bassins, Cisternes, Reposoirs, & autres ouvrages, ce n'est pas à eux à examiner les sources, & le milieu, à tracer le chemin des Tuïaux, & entre plusieurs à choisir les plus avãtageux, de prevoir les inconueniens, qui peuvent arriuer & les preuenir, à resoudre mille difficultez, qui se presentent sur ce sujet, sur diuerses rencontres dans le chemin. Chaque source a quelque particularité, à laquelle il faut auoir égard pour en auoir vn bon & perpetuel vsage: chaque milieu a ses diuersitez, qui en apportent dans la conduite.

Et certes outre qui se trouvent peu de Fontainiers pource que l'vsage, & l'exercice en est assez rare, les vns ne sont qu'à demy sçauans en vn mestier, qui demande vne science entiere de la nature & proprietez des Eaux: Les autres portez par vne trop grande auidité de gagner, se contentent de faire aller l'Eau de la source au lieu destiné. sans prevoir diuers accidens & inconueniens, sans se mettre en peine de la durée de leur ouvrage: Et pource ils y employent des materiaux de bas pris & peu durables: Ils prennent le chemin le plus court: Ils ne fouissent pas assez profondémẽt, &c. Les troisiémes y adioustẽt la malice soit faisant manquer les Tuïaux, soit voyãt que la plus part des hommes sont ignorans en ce mestier en font acroire au monde, blasment les Fontaines déja faites sur vn defaut suruenu, & au lieu de mettre remede à vn Tuïau defectueux, & à la cause du mãquement, persuadent de les leuer tous, & de recommencer de nouueau tout l'ouvrage, non pas pour le faire mieux, mais pour gagner dauantage.

Le troisiéme manquement; Les mesmes hommes ayant fait venir par Tuïaux les sources éloignées au premier manquement de leur Fontaine ne sçachant quel remede y apporter par eux ou par ceux qu'ils commettent à cette charge, laissent croistre le mal, qui à la fin rend les Fontaines inutiles, ou le vont chercher où il n'est pas, & rompent des Tuïaux sains & entiers, sans pouvoir d'abord rencõtrer ceux qui sont rompus, & la cause du desordre, ce qui fait que l'on voit bien peu de Fontaines nommement dans les maisons particulieres conseruées longtemps.

C'est mon cher Lecteur, pour obvier à ces inconueniens que ie te presente ce petit Traité: l'espere qu'il dõnera le moyen aux Fontainiers de faire leurs Fontaines aussi permanentes & perpetuelles que les bastimens: aux proprietaires la science pour pouvoir conseruer ce qui a esté bien encommencé, & à tous deux tant de moyens, tant de precautions tant de remedes contre vne si grande diuersité d'inconueniens qui se rencontrent dans la conduite des Eaux, qu'ils pourront les preuoir, & éuiter, où estant suruenus y remedier promptement tant j'espere perfectionner cét Art par des Regles precises & infallibles.

§. 3. *Des moyens naturels & artificiels pour executer ce dessein: c'est à dire, de ce que la nature doit presenter, & de ce que l'Art y doit adjouster.*

DEVX choses doiuent estre données de la nature & bien reconnuës deuant que de rien entreprendre sur ce sujet. La premiere consiste à l'Eau. La 2e. au milieu par où il la faut conduire. L'Eau doit estre donnée en quantité, qualité, situation, & durée conuenable. Elle aura la quantité si elle est abondante. La qualité si elle est saine: la situation si elle est haute: La durée si elle coule en tout temps, ou en la plus grande partie de l'année. Le milieu doit aussi auoir la quantité, la situation & la qualité conuenable. Il aura vne quantité d'autant plus fauorable qu'il aura moins de distance & de longueur. La trop grande distance multiplie les frais & les difficultez: Il aura la qualité s'il peut estre facilement fossoyé & cavé pour recevoir les Tuïaux: Il aura la situation tres-fauorable s'il va descendant doucement & gardant vne pente vniforme & continuelle. Elle sera encore assez bonne si le milieu va alternatiuement descendant & montant moyennant que les montées entre deux soient toûjours plus basses que la source. Elle sera encore suffisante si le milieu ayant de grandes longueurs de niueau à deuāt des pentes roides. Ie monstreray cy-apres les moyens de reconnoistre tant en l'Eau qu'au milieu les conditions susdites & d'en juger.

La nature presente ces deux points auec de tres-grandes diuersitez c'est à dire, en certains endrois auec de grands advantages, en d'autres auec beaucoup de difficultez, & mesmes en d'autres auec des impossibilitez. Or comme se seroit vne temerité de vouloir entreprendre des Fontaines dans les lieux de la troisiéme sorte: C'est vne grande lascheté de les negliger en ceux de la premiere, & de ne vouloir continuer & achever ce, dont nous auons de si fauorables commencemens & progrés preparez par la nature. Pour ceux de la seconde sorte deuant que de rien resoudre on doit bien balancer les fruits & les profits, que l'on pretend auec les frais & les dépenses que l'on sera obligé de faire à les construire & entretenir. Et plusieurs ont plus de deplaisir de leurs Fontaines quand on leur vient dire souvant qu'elles sont arrestées que les Tuïaux sont rompus, *&c.* qu'ils n'ont de cōtentement les voyant couler, Et mesmes souvent soit par ignorance des remedes, soit par depit d'y voir si souvent des manquemens, ayment mieux les abbandonner comme l'on peut voir en tant d'endroits où les Fontaines jadis faites ne coulent plus. C'est pourquoy il faut prévoir les empeschemens tant naturels des Rochers qu'il faut rompre, des longueurs qu'il faut passer & remplir, des irregularitez qu'il faut reduire, &c. que civils, des dedommagemens qu'on est obligé de faire à ceux par les terres desquels on passe, ou à qui on détourne l'eau. Ce qui me fait dire en general qu'il faut estre tres-reserué à conseiller des Fontaines sur tout à des particuliers, si la nature ne presente des avantages visibles, & si on ne rencontre vn habile Fontainier.

L'Art suruenant doit 1. reconnoistre toutes ces cōditions mises tant pour l'Eau, que pour l'entre-deux, soit par regles, soit par instrumens propres, soit par experience comme ie declareray cy-apres. 2. Ces conditions estant bien connuës on doit s'appliquer à trois pratiques. La 1e. consiste à ramasser les eaux & les enfermer dans vn cisterneau, & mettre en estat de pouvoir couler toutes pures dans les Tuïaux. La 2e. à choisir entre plusieurs chemins celuy qui sera le plus avantageux pour la conduite des eaux & les y mener. La 3e. à faire la distribution & la sortie des eaux en tant d'endrois, & auec telle proportion qu'on souhaitera. Et voila ce que nous auons à traiter dans les Chapitres suiuans.

---

§. 4. *Trois perpetuitez requises pour auoir vne Fontaine perpetuelle.*

IE sçay bien que c'est vne chose tres-difficile & mesme impossible de chercher vne perpetuité icy bas, & en vn lieu où les changemens sont continuels, où les estres sont passagers & corruptibles, où nous voyons les maisons abbatuës, les Villes ruinées, les Empires aneantis, & rien de permanent. Ce n'est pas aussi vne telle eternité & perpetuité absoluë que ie pretend donner à nos Fontaines: C'est bien assez si ie puis les faire subsister autant que les bastimens, & leur donner vne telle perpetuité relatiue. Et pour y arriuer ie dis que trois perpetuitez sont tellement requises que l'vne manquant la Fontaine doit cesser. La 1e. est celle des sources. La 2e. est celle des Tuïaux. La 3e. est celle du cours de l'eau dans les Tuïaux. La 1e. demande des sources, qui ne tarissent point, ou qui coulent continuellement la plus grande partie de chaque année. La 2e. demande dans les Tuïaux vne plenitude, qui ne reçoive aucun pore, par où l'eau puisse trāspirer & sortir, l'air entrer, & vne incorruptibilité & solidité pour subsister dans cette force & plenitude. La 3e. requiert l'éloignement de plusieurs empeschemens, qui arrestent le cours de l'eau, comme sont les herbes qui y croissent & grosissent, les animaux que l'on y trouve, les vens & les vapeurs qui s'y enferment, *&c.* Ie tiens que l'on peut donner des regles asseurées pour acquerir deux de ces perpetuitez, sçauoir, la 1e. & la 3e. Et si ie pouvois trouver celle des Tuïaux, & particulierement de bois, ie croirois auoir mis cét Art en sa derniere perfection. Le Lecteur reconnoistra assez par la dispute que ie fay sur la 2e. que difficilement on pourra aller plus auant. La raison d'vne telle assertion est de ce qu'il y a deux sortes de principes d'où dépend la conduite des eaux. Les vns sont demonstrez par raisons éuidentes & ceux la ont pour sujet la quantité, la pesanteur & le mouvement de l'eau. Les autres ne se connoissent que par experiences, tel qu'est la corruptibilité ou l'incorruptibilité des Tuïaux dans terre. Et ceux-cy sont fort difficiles, soit pource que l'experience doit estre frequente & en diuerses circonstances pour estre asseurée : soit pource que les vns disent d'vne façon les autres d'vne autre, soit pour ce qu'il faut la vie de plusieurs hommes pour verifier la perpetuité des Tuïaux.

DES SOVRCES NATVRELLES ET DES RESERVOIRS D'EAV, QVE DIEV A MIS DANS CE MONDE ELEMENTAIRE, POVR PROCVRER EN TOVT LIEV, ET EN TOVT TEMPS A LA TERRE ce benefice de toute fecondité.

CHAP. II.

EVANT *que de traiter des inuentions des hommes pour auoir des Eaux à commodité dans leurs Terres, leurs Iardins, & leurs Maisons, & s'en seruir à mille vsages; Il est expedient & tres-vtile de representer icy les inuentions Diuines, que Dieu employe pour nous presenter les Eaux auec abondance, & en faire une distribution tres-vniuerselle; soit pour en reconnoistre, loüer, aymer, & remercier l'Autheur & le bien-faicteur; soit pour admirer les merueilles de cét ouurage, & puis les imiter en la conduite des Eaux qu'il nous presente.*

Ie les ay appellé Reseruoirs & Sources naturelles, plûtost pour m'accommoder à la façon commune de parler, qu'à la rigueur de la verité : Car en effet ce sont des ouvrages de l'Art Divin qui les fait par vne concurrence & application accidentelle des causes actives auec les passiues comme nous voyons par le mesme moyen naistre tous les effets de l'Art Humain.

Ie mets de deux sortes de ces Sources & Reseruoirs, que j'expliqueray en ce Chapitre, les vns sont generaux & communs dans le Globe Terrestre : les autres sont particuliers, & propres en chaque lieu.

§. 1. *La description en general de quatre grands Reseruoirs.*

L'EAV estant au Globe Terrestre & aux Mixtes, ce qu'est le sang dans les animaux : estant le Vehicule des parties principales, qui composent les Mixtes, & par consequent vn principe necessaire en tout lieu & en tout temps pour la production, & conseruation de leur estre, & pour toute fecondité Dieu à pris plaisir d'en faire vne distribution tres-vniuerselle & tout ensemble tres-abondante. Et pour reduire à quelques chefs ces inuentions, ie ne puis mieux le faire, qu'en representant quatre grands Receptables, & Reseruoirs des Eaux, qui sont autant de sources & de mammelles pour la nourriture des Mixtes. Le premier est dans la region moyenne de l'Air : Le second est sur la plus haute surface conuexe de la Terre, c'est à dire, sur les plus hautes montagnes : Le troisiéme sur la plus basse surface concave de la Terre, c'est à dire, dans les fossez, creus, & concavitez Terrestres : Le quatriéme dessous la surface Terrestre, & dessus vne terre argilleuse sousterraine, qui retient l'Eau. Le 1er. est dans l'Air par les nuées, qui y sont éleuées en vapeurs, & retombent sur terre en pluies : Le 2on. au haut des montagnes, qui reçoivent les neiges, les conseruent par la froideur, tant du lieu que du temps, & par vn esprit coagulant espars dans l'air, lesquelles par apres se fondent & se resoluent en eau par la chaleur du temps : Le 3e. est au bas des vallées & des pleines par les eaux liquides, & laissées en leur nature, qui par leur pesanteur cherchent & prennent toûjours le bas, & par leur liquidité y tendent & s'y rendent, & par leur mouvement font les Fontaines, les ruïsseaux, Torrens, Rivieres, Fleuves, & par leur repos & en leurs rendeuous les Estangs, Lacs, Marais, Mers, Oceans : Le 4e. sous la surface Terrestre par les eaux, qui y entrent par les pores & descendent jusques à la rencontre d'vne terre argileuse, qui les arreste, & en fait sur soy vn grand amas, lequel cherche quelque ouverture pour sortir & couler sur la terre. Celles-cy sont les

les puys en leur demeure, & les sources en leur sortie. Dans les deux premiers Reseruoirs les eaux sont alterées: Dans les deux derniers elles sont laissées en leur liquidité, densité & pesanteur naturelle: Les trois premiers sont visibles, Le 4e. inuisible: Le 1er. est pour tout lieu, mais non pas pour tout temps: Le 2en. n'est ny pour tout lieu, ny pour tout temps: Le 3e. est pour tout temps; mais non pas pour tout lieu: Le 4e. est pour tout temps & pour tout lieu. Le 1er. est le principe principal & le plus vniuersel apres la chaleur solaire de la fecondité des terres: Le second l'est pour quelques pays particuliers: Comme pour l'Egypte, qui manque du premier: Le 3e. l'est encore par ses innondations, arrousemens, & desbordemens. Mais il sert particulierement pour la nourriture des poissons, pour la boisson des animaux, & à mille autres vsages, ausquels l'Art humain l'employe; Certes si l'eau demeuroit toûjours en sa densité, elle descendroit sans jamais remonter, & de cette sorte tous les lieux éleuez en seroient priuez: Si elle demeuroit toûjours en la rareté de vapeurs elle monteroit toûjours sans jamais descendre, & tous les bas lieux en seroient priuez. Vous trouuerez encore des inconueniens si elle estoit ou toûjours liquide comme nostre eau commune, ou toûjours solide comme la nege & la glace. Si elle estoit toute ou dessus ou dessous terre, *&c.* Dites en autant de l'autre principe de fecondité, le feu par sa chaleur qui prend mille formes & figures pour se trouver par tout & y operer.

Châque Reseruoir à ses propres merueilles, que nous deuons souuent considerer, pour reconnoistre la Toute Sagesse de l'Aucteur dans l'inuention; la Toute-Puissance dans l'execution; la Toute-Bonté dans la fin, & l'vsage. Les Hommes à l'imitation de leur Souuerain Maistre, par la 1e. Inuention tirent les Eaux des Plantes dans les Alembicts, la font monter en vapeur, & puis descendre en eau d'vne telle espece. Par la 2e. ils font des glacieres où ils conseruent la nege & la glace pendant l'Esté, pour s'en seruir de correctif à la trop grande chaleur de leur boisson; Par la 3e. font des Fontaines artificielles, des Estangs, & plusieurs sortes d'arrousemens. Par la 4e. des Puys & ont de l'argile propre à faire des clefs de conroy pour arrester l'eau. Bref par les Cysternes ils ont l'eau du 1er. Reseruoir: Par les puys celles du 4e. par les canaux celles du 3e. par les glacieres celles du second.

§. 2. *Du premier Reseruoir mis en l'Air.*

CELVY cy est merueilleux, 1. en son élevation, 2. en son amas, 3. en son mouuement, 4. en sa resolution & distribution & en ses fruis.

C'est le Soleil, qui fait la 1e. merueille, c'est la froideur de la moyenne region de l'Air, & d'vn esprit congelatif qui fait la 2e. Sont les vens qui font la 3e. C'est la densité causée par les froideurs qui cause la 4e. ce sont les esprits meslez & enfermez en ces eaux qui font la 5e. Car 1. le Soleil dardant ses rayons sur les eaux soit sallées de l'Ocean, soit douces, dans des Estangs, Lacs, Rivieres, Marais, &c. les eschauffe, & par la chaleur les rarefie, par la rareté les subtilise, & les rend plus legeres que l'Air; par la legereté excedente celle de nostre Air, les fait monter successivemét par dessus luy: par cette montrée successive & de plusieurs endrois il s'en fait vn amas de grande estenduë, qui s'arrestét en la hauteur où ils trouvent l'Air de méme ou plus grande rareté que ces vapeurs: 2. Estant là la froideur du lieu comme experimentent ceux qui montent les hautes Montagnes & y arrivent les condense & ressorre, la densité quand elle est prompte les divise, & les fait tomber, ou bien les forme en nuées, qui sont de tres-differétes figures, & couleurs, qui servent de parasols à la Terre, & luy ostent les rayons directs du Soleil; ce qui est tres-frequent & fauorable en la Zone Torride, où le Soleil agissant plus fortement par les rayons Perpendiculaires où approchans les assemble en grande amplitude & profondeur vers l'heure de Midy, où la chaleur seroit insupportable.

3. Cét amas de nuées descendroit en bas à cause de leur plus grande pesanteur: mais tres-lentement, soit à raison de leur grande amplitude, soit à cause du peu d'excés de pesanteur qu'elles ont sur vn tel air, soit à raison des vens, qui soufflent incessamment à l'entour de la Terre. Car ceux cy les prenant & les emportant auec eux leur font quitter le lieu de leur naissance, comme de l'Ocean; où il y a de l'eau par excés pour aller se décharger sur les terres qui en manquent. Et comme il y a diuersité de vens en vn mesme endroit dans la differéce des hauteurs, aussi y à il diuersité de nuées, les vnes plus hautes, les autres plus basses, qui ont des mouvemens differens. Fremont asseure auoir compté jusques à 7. mouvemens differens dans vn mesme endroit, mais en des hauteurs differentes. 4. En ce mouvement les nuées se vont condensant & s'épaississant, soit à cause de l'Air contre lequel on les pousse & qui y resiste, quoy que peu: soit à cause des Montagnes contre lesquelles il les porte, soit à cause de la celerité du vent, qui les presse fortement, soit à cause de la contrarieté des vens qui se rencontrent quelquefois & se combatent. Ces nuées pressées de la sorte retournent en densité d'eau, & se changent en diverses formes, sçauoir, tantost en goutes de pluie, qui se vont divisant & tombant de la sorte sur terre; & c'est la façon la plus ordinaire. Que si ces gouttes rencontrent

en leur chemin vne grande froideur & vn esprit coagulant & terrestre, elles se changent en Gresle, qui est d'autant plus grande que ce changement se fait plus proche de la nuée: Ce que l'on peut experimẽter l'Hyver jettant de l'eau du haut d'vne Tour durant vn vent congelant, & en Canada jettant de l'eau d'vne petite hauteur, car elle se glace deuant que de tomber à terre: Tantost en floccons de nege qui tombant se fondent & se chãgent en gouttes de pluies, si elles rencontrent vn vent, & vn air chaud. D'où vient que souvent en mesme temps il nege au haut d'vne Mõtagne & il pleut au pied, pource que la superieure partie de l'Air contient vn froid congelant, l'inferieure vne chaleur dissoluëte. Or la pluie se distribuë si également par tout, qu'il ny à petit brain d'herbe qui n'aye ce qui luy est necessaire pour son aliment. Les vens qui viennent des lieux humides, cõme des Lacs, Mers, Oceans, des Marais sont pluvieux, donnent d'ordinaire la pluie, & rendent les parties des Montagnes contre lesquelles ils sont portez plus humides, & propres à auoir des Sources. 5. Ces Eaux sont les plus fecondes de toutes, à cause qu'elles sont animées de l'Esprit Vniversel principe de fecondité, & les eaux des sources doivent demeurer quelque temps exposées en l'Air pour receuoir ce principe de fertilité vn sel volatil & autres semblables esprits deuant qu'elles soient propres pour arrouser les terres, & les fertiliser. Les Chimiques dans les fourneaux & pratiques peuvent representer & voir à l'œil la plus part des operations susdites.

§ 3. Du second Reseruoir mis sur les Montagnes par les neges.

SI Dieu a trouvé l'inuention de changer la pesanteur des Eaux en legereté pour les faire monter sur nostre Air, il change icy bas leur liquidité en solidité, & la fixe pour les mettre en reserue durant l'abondance sur les Montagnes, & s'en seruir en temps de disette d'eau: Ce qui certes est vn tres-grand benefice Divin: L'Egypte doit toute la fecondité de ses terres, qui est tres-grande à cette inuention, comme aussi plusieurs autres pays dans les Indes & autres part, qui sont arrousez par cette sorte d'eau. La merueille de ce second Reseruoir est, en ce que Dieu a trouvé le moyen de conseruer les Eaux de l'Hyver qui sont excessives, inutiles aux terres, & mesmes souvẽt préjudiciables pour le temps de l'Esté, oû les terres desseichées par l'attractiõ que les rayons solaires en font, seroient privées de ce principe necessaire à la production & accroissement des Plantes & des fruis. L'Hyver est le vray temps pour former les Eaux en glace & en nege. L'Esté est le vray temps pour les fondre, les hautes Montagnes sont les vrays lieux pour recevoir ces neges, & ces glaces, & les conseruer long temps en cét estat à cause de la grande froideur qui s'y trouve, & que ressentēt ceux qui y montent: Et il ny a que les rayons Solaires Perpendiculaires ou approchans qui ne viennent que l'Esté, qui soiēt capables de prévaloir contre vne telle froideur, & dissoudre les neges en eau, & les faire couler sur les campagnes & vallées qui se trouvēt au pied de ces Montagnes pour les fertiliser; ces neges fonduës sont encore cause de certaines sources qui contre l'ordinaire façō des autres décroissent l'Hyver, & sont abondantes l'Esté. Au demeurant ce benefice de l'innondation qui vient en partie des neges fonduës, en partie des pluyes abōdantes, n'est pas si propre au Nil & terres d'Egypte que Magin ne le rende commun à 24. Fleuves des Indes, que les Rivieres de l'Amerique ne l'aye & toutes celles qui sont au pied des hautes Montagnes, lesquelles en grossissent, puis debordent sur les terres & campagnes voisines pour les rendre fertiles à cause que ces eaux contiennent le principe de fecondité; la nege en a vne bonne partie.

§. 4. *Du troisiéme Reseruoir de l'Eau commune dans les Pentes & Concavitez des Terres.*

C'EST cette Eau qui porte en sa surface les Navires, les bois flottans, *&c.* qui contient en sa profondeur mille sortes de poissons pour nostre nourriture, en son fond vne tres agreable varieté de coquilles, en son mouvemēt fait joüer tant de differens instrumens: comme sont tant de façons de Moulins, laquelle en ses tours, détours, & contours, & en la diuersité de ses bornes presente a dauantage de peuples qui y sont, ce dont les Navires sont chargées, & de plus les poissons à qui Dieu par vne prouidence enuers les hommes, a donné vn instinc de quitter le fond de la Mer où ils seroient imprenables, & se rendre dans les Costes, & puis entrer dans les Rivieres, & les remonter, où il est aisé de jetter les filets pour les arrester & prendre. Et certes quiconque considerera la Navigation, trouvera que c'est vne des plus subtiles inuentions de l'esprit humain, & l'exercice vn des plus nobles effet de son courage. Les centaines d'hommes dans vn Galion de 1200. tonneaux, feront en vn iour plus de chemin que ne sçauroient faire des chevaux de postes, les feront auec tant de commodité, qu'en veillant, joüant, dormant, bref sans bouger d'vne chêre où vous demeurez assis, vous avancez chemin & parcourez en vn iour les 60.

lieuës, auec tant de profit que vous deuenez proprietaire & mettez en vostre Pays ce qui est de plus beau & prétieux és Pays estrangers. Bref, vous presenterez en vne ville maritime tout à la fois & en vne matinée plus de marchandises, que 6000. cheuaux ne pourroient charger. Et pour les poissons les pêches des Moluës, Saulmons, Harans, Sardines & autres, monstrent assez la grandeur de ce benefice.

Les hommes encore s'en seruent quand elles sont en vn lieu élevé pour les détourner de leurs cours, & les conduire sur leurs terres, soit pour leur recreation, soit pour la fecondité; *Item*, par leur mouuement ils font joüer des Pompes, des Vis sans fin, pour les élever & puis les conduire à leur Maison.

§. 5. *Du Quatriéme Reseruoir d'Eau, qui est le Sousterrain.*

C'EST cetuy-cy, qui estant le principe & la source de nos sources, & de nos Fontaines, doit estre bien conceu: Et pour ce faut sçauoir, qu'on peut reduire toutes les diuersitez des terres considerées par rapport à l'Eau à trois chefs. Les premieres sont Sabloneuses; qui comme prodigues laissent couler les eaux au trauers d'elles sans rien retenir, ou que bien peu. Les secondes sont Argilleuses ou de conroy, qui comme auares les arrestent & retiennent toutes sans rien laisser passer: Les troisiémes sont les Spongieuses & Poreuses, qui comme liberales en retiennent vne partie, & laissent couler l'autre Chacune de ces especes a vne varieté admirable, & le mélange en fait vne incomparablement plus grande. Les premieres ne sont autre qu'vn amas de petites pierres de grains de sable, qui s'entre-touchent en vn point ou en vne petite partie, laissent l'espace ou l'attouchement ne se fait pas vuide, & qui est d'autant plus grand que les pierres sont grosses & rondes ou courbes, comme sont les gros graviers & caillous. Ce sont ces vuides qui seruent de chemins à l'eau pour trauerser toute l'espoisseur de ces sables, qui sont grandement obliques & multipliez. Les secondes terres au contraire sont tellement liées par ensemble & contigues de toute part, qu'elles ne laissent aucune partie sans vnion, & auec le moindre vuide: Et c'est de ces terres, que la nature fait les pierres par la chaleur centrale en vn long-temps, & l'Art les briques, les tuiles, les pots par la chaleur du feu en peu de temps. Et d'autant qu'en les sechant les vapeurs sortent petit à petit, de là viennent de petits pores trauersans dans telles pierres: ce qui fait trãspirer l'eau au trauers de plusieurs rochers & de plusieurs sortes de terre, & les espris de sels le font au travers des pots de terre cuite. C'est cette terre qui sert de fondement aux chaussées des Estangs, de clefs, de conroy au mesme, & de fonds naturel à toutes les eaux sousterraines, comme la terre non remuée & immobile sert de fondement aux bastimens. Tant plus elle est grasse & onctueuse, tât mieux elle bouche le passage à l'eau.

Les troisiémes metoyennes n'ont ny la dureté des premieres & la totale diuision ny la flexibilité des secondes pour s'ajuster par ensemble, & l'vnion entiere de tout costé. Mais vn entre-d'eux, sçauoir, de petits pores pour recevoir & contenir les Eaux, & de petits conduits pour laisser échaper le surplus. Celles-cy sont les matrices des semences, & des racines; sont semblables à des esponges & à des filtres: pour ce qu'elles attirent l'eau proche & contigue, comme les premieres, & la laissent couler doucement comme les secondes; Tant plus celles-cy sont pressées, tant plus les pores & conduits deviennent petits, & tant plus long temps l'eau demeure à couler & baisser; Et on en trouve de si pressées qu'elles seruent de Conroy; D'où vient qu'on est contraint de labourer les terres, soit au pied des Arbres, soit és endrois où on doit jetter la semance, pour la rendre plus susceptible des pluies qui sont l'aliment des plantes. Les 1eres. seules laisseroient couler les eaux si bas qu'elles nous seroient inutiles. Les 2es. seules retiendroient les eaux si haut sur la surface de la terre, qu'en dedans elle demeureroit seche & sterile. Les 3es. seules rendroient inutiles les eaux qui descendroient en bas. Toutes trois situées diversement & conuenablement à leur nature, rendent les eaux qui entrent dâs la terre si profitables que les vnes qui s'y arrestent sont les principes de toute generation des Plantes: Les autres qui descendent estant arrestées par les couches d'argille, & conduite par la pente en divers endrois sortent de dessous terre pour par apres couler dessus, & y seruir à mille vsages. Outre que deuât que de sortir elles demeurent si long-têps sur cette couche penchante & ont vn movuemét si tardif, qu'ô à tout moyen d'en puiser & s'en seruir par le moyen des puys: L'on doit côsiderer en ce Reseruoir & benefice Divin, quatre choses, sçauoir, le fond & la couche de Conroy, 2. le milieu & la terre par où coule l'eau, & passe depuis la surface jusques à ce fond, 3. le mouvement tardif de l'Eau en ce passage, & 4. la sortie de ce cette Eau de ce Reseruoir, qui de sousterraine devient sur-terraine & d'invisible visible. 1. Pour le fond Dieu a mis cette terre de Conroy qui arreste l'Eau par tout, pour donner moyen à tous les hommes de s'en seruir, & la mis en vne petite distance de la surface terrestre pour repargner aux hommes le travail, soit de la trouver en fossoyant la terre, soit de la tirer qui croistroit selon que croistroit la distance. Ie tiens cecy des Puitiers ou faiseurs de Puys, qui apres auoir blanchi en cét Art, ont déposé n'avoir iamais creusé en aucun lieu sans auoir trouvé de l'eau, & la terre qui l'arreste & la soustient ; & c'est où proche de la surface ce qui est ordinaire, ou vn peu plus loin: ce qui est plus rare. Et quelquefois la nature a mis deux de ces couches vne proche qui arreste peu d'eau, l'autre plus distante qui en retient davantage. 2. Le milieu est vne terre poreuse qui soustient l'eau en partie, & la laisse couler en partie, & ce qui est considerable la laisse couler en sa pureté, sans qu'elle en soit boueuse ou destrempée auec la terre, cóme il arrive en la partie qui tombe sur la mesme terre. De plus elle la laisse couler si tardivement que les eaux des pluies de 6. ou 7. iours durant demeureront six mois à couler depuis la surface jusques au lieu lieu de la sortie, ce qui rend ce Reseruoir perpetuel, & les sources qui en sortent, ou du moins d'vne longue durée. Car si ce mouvement estoit viste ce Reseruoir seroit incontinent épuisé. 3. La cause de cette tardiveté est de ce que les eaux meslées auec ces terres en sont soûtenuës presques totalement, Ce qui fait 1. Qu'il reste peu de pression des Eaux superieures sur les inferieures, & par consequent peu de mouvement de celles-cy, par celles-là. 2. Que tant moins il y a de hauteur de ces eaux tant plus tardif est le mouvement & les eaux sortent en moindre quantité, ce que l'on peut verifier & par l'experience dans les filtres qui en sont vne representation tres-naïfve, qui soustiennent l'eau en partie comme le coton fait l'ancre.

Ayant connu la nature & les causes de ce Reseruoir, il faut s'efforcer d'en connoistre la quantité & la grandeur, par les dimensions de la longueur, largeur, & hauteur, afin de pouvoir juger de la quantité de l'Eau, & de la durée de sa sortie. Dequoy on peut prendre d'abbord quelque conjecture, considerant l'estenduë de la surface terrestre & la situation : car si elle est ample & com[illegible] niveau, il est probable que la couche le sera aussi. Si l'vne est haute l'autre le pourra estre suffisamment pour faire vne décharge & vne source coulante sur les terres plus basses. 2. Considerant la partie de la pluie qui s'écoule sur terre, car l'autre entre dans terre, & fait partie de ce 4e. Reseruoir, mais on a vne demonstration éuidente de sa hauteur & profondeur dans chaque Puys, où l'eau y monte & descend, croist & décroist comme le Reseruoir, pource que la surface de l'eau du Puys est toûjours de niveau auec l'eau de tout ce Reseruoir; & pour le fond il est certain qu'ils entrent dās la couche de Conroy. On connoistra l'amplitude par plusieurs Puys en vne mesme estenduë de terre, qui auront les eaux de niveau croissantes & decroissantes ensemblément : car cela monstre qu'ils ont toutes leurs eaux communes & dans vn méme Reseruoir. Et d'autant que c'est par les Puys qu'on connoist ce 4e. Reseruoir, j'en feray cy-apres vn §. exprés.

§. 6. Des Sources particulieres naturelles, & premierement de la nature & de la diversité des Sources.

IE prend icy le mot de Source pour le lieu où l'Eau déja formée & amassée sort de terre, ou bien celuy où l'eau coule seulement sous terre, & si pres de la surface terrestre qu'il est tres-aisé de la découvrir, & auec peu de travail luy donner son cours sur terre; & pour plus grande distinction j'appelleray les premieres des Sources paroissantes & découvertes, ou des Sources simplement; les autres des Sources cachées & couvertes.

Faut remarquer que les Eaux qui sont dans la Terre & s'y forment, vont en deux façons dans la Mer, qui est leur commun & dernier rendevous, les vnes sont sous terre, les autres dessus: toutes deux suivent les Cavitez, Pentes, Chemins, & passages, qu'elles trouvent pour descendre, & en descendant pour se rendre à leur terme. Toutes deux en suite vont serpentant par plusieurs tours & détours, & ont vn cours bien irregulier. Et il ne faut point chercher vn principe & vne cause necessaire de ces determinations dans la nature des choses qui y sont: mais s'arrester à la seule volonté libre du Souverain Createur & Conseruateur de ce Globe: Puisque Dieu créant la Terre a placé & disposé les Montagnes, les Vallées ou concavitez: les Campagnes ou pleines, les descentes & montées en la surface Terrestre, dessous & dessus, il a mis diuers passages, en tel ordre & en telle façon, & en telle quantité, qu'il luy a pleu: comme aussi dans la Terre vne si grande varieté de couches de Terres differentes, de Metaux, de Mineraux & d'autres Mixtes, & le tout selon qu'il a jugé le plus conuenable, sans que ces Mixtes demandassent de leur nature tel lieu & telle situation, qui leur est entierement accidentelle & indifferente; Il pouvoit changer en mille façõs les figures & dispositiõs des parties de nostre Globe, mettant les Montagnes où sont les Vallées, les Mers où sont les Terres, sans leur faire aucune violence: Mais les vtilitez que les hommes reçoivent du chois, que Dieu en a fait, de l'ordre qu'il a establi, nous font assez recõnoistre les motifs que cette Volonté a eu pour faire vn tel chois, & nous obliger à reconnoistre la Toute-Puissance de Dieu en leur existence: la Toute-Sagesse és moyens si conuenables pour leur fin; la Toute-Liberté en l'indifference des parties à tels moyens; la Toute-Bonté en l'vsage & és effets de telle disposition des parties, qui sont tous pour le bien de l'homme, ce qui m'a fait dire, que tout le monde est vn composé de l'Art Divin, non de la nature des parties:

de mesme

de mesme qu'vne Medecine est vn composé de l'Art Humain.

Les Sources se diuisent, ou selon les lieux d'où elles sortent, ou selon les mouvemens qu'elles ont, ou selon la quantité d'eau qu'elles jettent, ou selon les qualitez qu'elles ont. Pour le *1er.* point les vnes sortent du Roc, & sont tres-claires: les autres du Sable, & sont encore tres-nettes: les autres de diuerses terres, d'où elles contractent diverses qualitez. Touchant les secondes, les vnes sortent auec impetuosité, qui vient de la hauteur interieure de l'eau & de l'abondance. Les autres auec tardiveté, quand l'eau n'a pas de hauteur, ou que le mouvement est retardé par l'étresseur, & l'obliquité des passages, par la multiplicité des parties soustenantes & des pores comme dans les filtres. De plus les vnes sortét d'en bas en pique & en boüillons: les autres par costez, pour nous monstrer les endroits d'où elles viennent prochainement, & donner le moyen de les suiure. La troisiéme considération fait les Sources plus ou moins abondantes, perpetuelles ou tarissantes: Ce qui declare la cõmunication & le rencontre de plus ou de moins de filets d'Eau, & de petits ruisseaux, & de plus de terre pour les former. La *4e.* divise les Sources en communes & minerales: celles-cy en Vitriollées sulfurées, ferrugineuses, alumineuses; chaudes, tiedes, ameres, douces, aigres, vineuses, veneneuses, *&c.* De plus les vnes sont dites pluvieuses, qui croissent & decroissent auec & comme les pluies: les autres non, qui conseruent leur quantité dans les plus grandes secheresses. Les vnes sont lunaires & croissent comme le visage & le mouvement synodique, ou comme le mouvement journal de la Lune. Les autres sont sujettes à divers flux & reflux. I'en ay vn long Traité dans la Science des Eaux. D'icy il faut conclurre la grande diversité des sources, & ne pas s'estonner si chaque Source a quelque particularité: Ce qui fait qu'il est bien difficile de donner sur ce sujet des regles vniuerselles, & precises, il n'y a que ceux, qui ont vne connoissance entiere des Eaux, de leurs mouvemens & meslanges, & des terres par où elles passent, qui puissent bien discourir sur tant de divers incidens, & determiner ce qu'il faut faire en chaque occurence.

---

§ 7. *Des Sources découvertes naturellement.*

C'EST vn grand avantage à vne Maison d'auoir proche de soy vne Source, & ceux qui en font bastir deuroient estre soigneux de le faire, sur vn fond favorisé d'vn tel rencontre. Voicy quelques points que l'on y doit considérer. 1. On en doit reconnoistre la perpetuité, la hauteur, la bonté, la situation, la distance du milieu qui est entre elle & le lieu où on pretend la faire venir: Ie traiteray de tous ces points cy aprés. 2. On doit considerer si en sortant elle monte, ou descend, ou si elle va de niveau. Car si elle monte, c'est vn signe qu'elle vient de bas, & qu'on peut la baisser jusques à ce qu'elle ne monte plus. En ce faisant on luy oste vn mouvement violent de montée: on la prend en vn lieu où elle a le plus de hauteur d'Eau sur soy, pour couler plus viste, & en plus grande quantité pour couler plus long-temps & plus abondamment, & pour auoir plus d'asseurance de la conseruation de la Source. Seulement on y perd la pente, & l'Eau est plus nette en montant. 3. On doit bien considerer l'habitude corporelle de ceux qui s'en seruent: S'ils viuent long-temps, & en bonne santé, s'ils ont vn visage bien coloré, vne voix ferme, s'ils sont sujets à quelque maladie commune. Car de tous les moyens pour connoistre la bonté ou la malignité de l'eau dont ie traiteray cy-apres, celuy-cy est le plus aisé & asseuré. 4. Voyez le limon qu'elle laisse à ses costez, la peau colorée qui s'engendre dessus, & és enuirons, les animaux qui s'y nourrissent, les herbes qui y croissent, &c. 5. Si elle passe par vn Marais & par vne terre pourrie, il faudra oster la terre pour oster la cause de l'eau fade, puante, mal saine, & y mettre à la place des pierres, des caillous, & de gros sable net. Pareillement si on vouloit se seruir d'vn ruïsseau pour vne Source, il seroit bon de faire couler l'eau au travers d'vne grande épesseur d'vn gros sable pour s'y purifier. 6. Considerez si la Source peut estre divertie, soit à costé, soit par en bas, comme quand on fait des Puys proches, ou qu'on creuse plus bas que n'est la Source. Car alors il faudroit faire vne clef de Conroy du costé opposé à la Source pour y arrester l'eau, & l'empescher de passer. 7. Si on veut faire monter l'eau par dessus sa Source par le moyen que ie donneray cy-aprés, on se met en danger de la perdre, & de la divertir de son chemin accoustumé. Il y faut penser plus de deux fois deuant que de luy donner cette violence. De mesme ceux qui ont peu d'eau, voulant l'empescher de couler en vn temps pour en auoir davantage aprés, souvent l'ont perduë entierement. Tout ce que l'on peut faire c'est de la recevoir dans vne capacité grande, & de la faire couler seulement le iour, ou quelque heure du iour.

Les Sources qui sortent des Rochers sont ordinairement plus constantes: celles qui viennent des Terres sabloneuses, sont plus esparses & on fait bien de remonter par leur chemin pour les rassembler, & joindre en vne Source celles qui se perdent, & faire par ce moyen vne Source plus abondante, & si le Conroy n'est pas profond, il est bon de creuser jusques là, puis par vne chaussée élever l'eau, si la commodité le permet, sans crainte de la perdre. 9. Il faut couvrir les Sources pour les rendre fréches l'Esté, tiedes l'Hyver, nettes en tout temps; & souvent il est expedient de les fermer à clef, & les fermer tellement que les Coleuvres & autres animaux ny puissent entrer. 10. Souvent les riches & puissans entreprennent par auctorité ce qu'il ne peuvent pas de justice, & vsurpent par force, ce à quoy ils n'ont point de droit: comme trouvant vne Source propre pour estre conduite à leur maison la s'approprient, au préjudice des maisons voisines qui s'en seruoient. On peut accommoder tellemét tout que chacun sera content: sçavoir, faisant vn Puys auprés de la Source, & vn peu plus bas qu'elle. Car la Source le remplira jusques à son niveau, & de cette sorte le Seigneur aura vne Source coulante, le Vassal vne dormante. Ie suppose que le riche aye droit de se faire. 11. Si la Source de laquelle seule on se sert en vne maison est distante; mais vn peu basse, il vaut mieux la faire monter par l'industrie & le travail d'vn homme, & en remplir vn bassin, d'où elle coulera par Tuïaux jusques à la maison. Car de cette façon on repargnera la peine qu'on auroit de la porter depuis la source à la maison. Ou bien il faut la conduire par Tuïaux en vn lieu où il faudra descendre de quelque marche, & on repargnera la peine d'aller à la Source éleuer l'eau. 12. Si c'est pour fournir vne Ville, on n'a qu'à considerer les frais que l'on fait aux mines, ardoisieres, carrieres, &c. pour épuiser de l'eau, qui feroit vne Fontaine considerable, & les employer pour élever vne Source suffisante, & pour la faire venir par Tuïaux dans la Ville. Car si elle est proche, on trouvera qu'on en aura meilleur marché que d'en faire venir vne bien éloignée, & l'entretenir: Ce que l'on peut aisement juger supputant le tout; & les seuls gages d'vn Fontainier pour l'entretenir, souvent suffiront pour auoir de l'eau vne notable partie de l'année, par la façon auec laquelle on l'eleve bien haut des Mines.

§ 8. *Des Sources cachées sous Terre.*

PVISQVE les Sources se forment dás le sein de la Terre, par plusieurs gouttes, qui jointes ensemble font des filets d'Eau: & puis par plusieurs de ces filets d'eau qui assemblez font vne eau coulante, qui va du lieu de sa premiere formation sous terre, jusques au lieu de sa sortie: Et tant plus que l'Eau est abondante en sa sortie, tant plus le chemin de cette eau coulante sous terre est long; à raison de la multiplicité des filets d'eau qui vont se rendre dans ce chemin auec l'eau coulante, & la grossissent: Tout de méme que nous voyons sur terre les Rivieres croistre par les Fontaines qui s'y vont décharger de lieu en lieu, & les Fleuves par l'abbord des Rivieres, qui y joignent leurs eaux: d'où vient qu'en leurs emboûcheures dans la Mer, ils ont des demy lieuës & des lieuës entieres de large quand ils viennent de loin: D'où s'ensuit que comme Dieu a mis dans la surface Terrestre des pentes & des cavitez pour donner passage aux Eaux sur-terraines, & visibles depuis leur source jusques à la Mer: de méme il a fait des canaux sousterrains pour donner liberté aux eaux de couler dessous terre: Ce qui est tellement veritable, que non seulement les filets d'eau trouvét leur chemin pour se rendre soit dans les Puys, soit dans les Eaux coulantes, & ces eaux pour aller jusques à vne sortie: mais pour les Fleuves entiers, comme sont plusieurs qui se cachent dans la terre, & ne vont renaistre & paroistre que plusieurs lieuës aprés: Tel est le Tigre en Mesopotamie, dite maintenant Diarber: Lycus en Asie: Niger en Affrique: le Nil en Ægypte, & tant d'autres, soit en France, soit autre part, desquels ie traite en la Science des Eaux, Ch. 1. §. 6. Et ce qui est plus estonnant c'est que les Mers toutes entieres passent sous terre d'vn lieu à vn autre: La Mer Caspie porte ses eaux dans le Pont Euxin: cetuy-cy dans la Mer Mediteranée: celle-cy dans la Mer Rouge, comme ie prouve amplement au §. 6. du Ch. 16. de ma Geographie, soit par experience, soit par raison.

L'Experience est cette-cy au milieu de la Mer Caspie, longue de 250. lieuës, large de 150. l'eau y court de toute part, & s'y perd, & auec elle les Navires qui s'en approchent: Au contraire au Pont Euxin il y a des endrois où l'Eau croist par en bas, & chasse les Navires au lieu de les attirer, ce qui montre que l'Eau sort d'vne Mer pour entrer dans l'autre, laquelle se décharge toute dans la Mer Mediterranée; La raison est, que cette Mer reçoit incomparablement plus d'eau sans regorger par le Pont Euxin, par l'Ocean qui y entre & luy donne de ses eaux, par les Fleuves de l'Europe, l'Affrique & l'Asie qui s'y vont rendre, que le Soleil ne luy en peut oster par euaporation. D'où s'ensuit qu'il faut que le surplus en sorte par sous terre, ou qu'il regorge par dessus, ce qui ne se fait pas.

§. 9. *Quelques principes pour la conduite des Eaux.*

PAR ce mot de Principe, j'entend toute proposition & verité, qui peut seruir d'antecedent à conclurre quelque effet ou circonstante requise pour la conduite des Eaux, & qui en contient la raison. Ils sont de deux sortes: Les vns sont prouvez & connus par des demonstrations évidentes; tels que sont ceux qui ont pour sujet la quantité, la grauité des Eaux, & le mouvement qui s'ensuit. Les autres ne le sont que par experience: comme sont ceux qui prouvent la corruptibilité ou l'incorruptibilité des Tuïaux de bois, la vertu medicinale des Eaux diuerses: Ceux-cy sont difficiles à auoir, soit à raison de la longueur du temps requis pour s'asseurer d'vne verité; soit à cause de la contrarieté des experiences, que l'on produit pour les deux partis contradictoires. I'en mettray icy quelques vns qui sont les plus communs & vniversels, reseruant les autres dans leurs lieux propres, ou à la fin.

1. La Terre jointe auec l'Eau, est vn Globe ou corps rond, d'vne rondeur non parfaite & Mathematique: mais d'vne Physique & sensible: Pource que toutes les parties de la surface & circonference, qui terminent ce corps composé de Terre & d'Eau, sont également distantes du centre: Et si les Montagnes & les Cavitez font quelque inégalité, elle est si petite à l'égard de la longueur des lignes Semidiametrales, que la difference en est entierement insensible & moindre que ne fait vne petite partie protuberante dans vne Pomme ou autre corps rond. Cette verité est prouvée & reconnuë par tous les Philosophes & Cosmographes.

2. Ce Globe composé de Terre & d'Eau, a vn centre de grandeur, & vn de grauité: c'est à dire vn point, qui est au milieu & entre des parties égales en grandeur, & en pesanteur ou grauité. D'où vient que tout Plan droit, qui diuise le corps par vn tel point, le fait en deux parties d'égale grandeur ou grauité: ce qu'il faut experimenter sur des fruis ronds pour se rendre vne telle verité intelligible en ses termes & évidente en ce qu'elle asseure.

3. Es corps Homogenées en nature & densité, le mesme point qui fait le centre de grandeur fait aussi le centre de grauité: pour ce que en ces corps la grandeur croist auec la pesanteur, & comme la pesanteur: & partant de l'vn on conclud l'autre. Ce qui n'est pas és corps Heterogenées, ou composez des parties de differente nature & pesanteur; telles que sont celles qui font le Globe Terrestre: à cause que les vnes sont plus legeres comme sont les Eaux: les autres plus pesantes comme sont les Terres, les Pierres, les Animaux, *&c.* D'où s'ensuit que dans ce Globe le centre de grandeur est vn autre point, que celuy de pesanteur. Ils sont neantmoins si proches l'vn de l'autre, qu'on peut les prendre pour vn seul. Nous auons particulierement besoin d'entendre icy parfaitement le centre de la grauité, à cause que c'est ce point, qui regle tous les mouvemens locaux des corps Elementaires, & partant

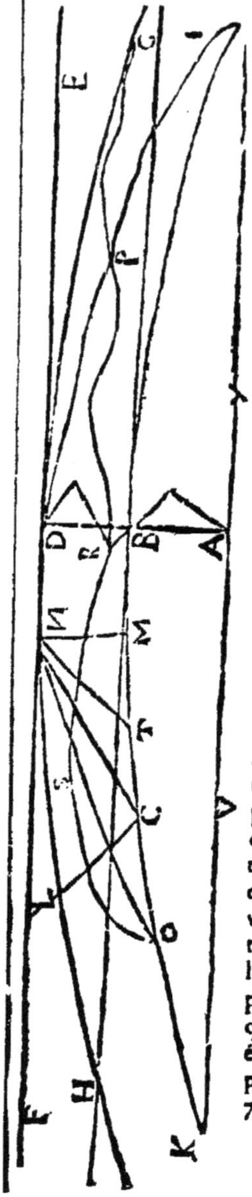

de l'Eau, de laquelle nous cherchons icy la conduite.

4. Le centre de la Grauité dans le Globe Terrestre, est le point où tendent de toute part tous les corps pesans, & d'où s'éloignent tous les corps legers. Et toute ligne droite qui est tirée de ce point par les diuers points de la circonferẽce du Globe terrestre, à diuers nõs pour signifier diuerses proprietez. On l'appelle 1. Semidiametrale, pource qu'elle contient la moytié du Diametre Terrestre; 2. Perpendiculaire par excellence, pource qu'elle fait des Angles drois auec la circonference spherique de la Terre par où elle passe; 3. La ligne de direction, pource que c'est par elle que se fait la descente & montée des corps Elementaires, quand ils ne rencontrent aucun empeschement & détour en leur mouuement naturel; C'est par elle que les arbres, les espis, & autres plantes fortes se leuent, & que l'on éleue les murailles pour les empescher des pentes & des cheutes; 4. Verticale pource qu'elle passe par le point Vertical d'vn homme qui se tient droit sur la terre. 5. La ligne du filet à plomp; pource qu'vn filet qui a en son extremité du plomp attaché en est bandé, & est mis exactement dans cette ligne; d'où viẽt qu'on s'en sert comme de l'instrumẽt propre à la trouuer & monstrer; 5. Toute ligne, qui a tous ses points également distans du centre de Grauité est dite Horizontale, ou de Niveau, à cause que l'instrument qui la monstre s'appelle Niveau. Cette ligne prise en rigueur est Circulaire, laquelle est seule qui a cette proprieté d'auoir cette égalité de distance en tous ses points: Prise Physiquement & selon le sens dans certaine longueur elle est droite: à cause que le grand cercle Terrestre est d'vne telle amplitude, qu'en vne distance de 1000. pas on auroit de la peine de remarquer de la difference entre la ligne Circulaire & la droite. En effet la surface extreme des Lacs, & de la mer calme est circulaire en verité: Mais selon nos sens elle paroit droite: d'où s'ensuit que l'on peut se seruir de deux points d'vn grand Lac pour deux points de niveau & de mesme distãce du centre. 6. Entre ces deux lignes la Verticale & l'Horizõtale; Il y a vne infinité d'autres droites, courbes, simples, cõposées, qui toutes sont nõmées penchantes selõ qu'elles s'approchent plus ou moins de l'Horizontale, comme on peut voir en la figure où la Verticale est, A. B. D. Les Horizõtales Mathematiques sont les Arcs, V. A. X. I. B. K. & G. D. H. Les Physiques sont les trois parties des lignes droites qui touchẽt & sont proches d'vn tel point E. D. F. G. D. H. & I. A. K. Les penchantes sont toutes les autres, que l'õ peut tirer d'vn point d'vn cercle superieur, & partãt d'vn point éleué à tout autre point d'vn cercle inferieur, & partant d'vn point plus bas: Ce qui se peut faire en vne infinité de façons differentes. 7. Monter c'est s'éloigner du centre *moueri à medio*, dit Aristote. Descé-

dre c'est s'approcher du centre *moveri ad medium.* Ces deux mouvemens se peuvent faire par vn mesme chemin. Ils se font seulement à termes contraires par vn mesme milieu: Toute ligne non Horizontale est descendante comme aussi le mouvement qui s'y fait si on le considere du point plus haut au plus bas. La mesme est aussi ascendante, si on la prend du point plus bas au plus haut. La ligne Verticale A. B. D. est souverainement montante & descendante, & a autant de montée & de descente que de longueur: pource que c'est la plus courte de toutes celles que l'on peut tirer d'vn cercle superieur à vn inferieur: Comme aussi c'est la mesure & la regle de toutes les hauteurs & bassesses: par exemple la ligne G. P. R. S. O. n'a que la hauteur de B. D. quoy que la distance soit bien plus grande. Toutes les lignes penchantes distribuent cette ligne souveraine de hauteur en davantage de parties selon qu'elles sont plus longues qu'elle. Partant ce qui se dira du mouvement de montée par vne ligne, se doit entendre à termes contraires du mouvement de descente par la mesme. 8. Toute ligne non Horizontale entant que descendante est le chemin du mouvement naturel des corps pesans, du violent des legers. Toute ligne non Horizontale entant que ascendante est le chemin naturel des corps legers, & violent des corps pesants. Toute ligne Horizontale & de Niveau, est le chemin de soy d'vn mouvement ny naturel, puis qu'il ne se fait pas par vn principe interieur, ny violent puis que le principe naturel ny resiste point. D'où vient que le mouvement d'vn corps spherique sur vn plan Horizontal se fait par vne vertu mediocre & petite. Et s'il estoit retenu par vne ligne Semidiametrale forte, on le feroit mouvoir circulairement auec toute facilité. 9. L'Eau est vn corps Elementaire, pesant & liquide, entant qu'Element il entre dans la composition des Mixtes: Et selon Van Helmon s'en est la matiere vniverselle Entant que pesant il tend en bas, & quand il n'est point retenu il y descend: Entant que liquide il prend la figure de son contenu, il coule en bas par tout chemin descendant: En repos, il a sa surface Spherique & concentrique au centre de gravité. 10. Le nom de Source des Eaux se prend en trois façons, & il y en a de trois sortes. La 1e. est interieure; & c'est le lieu où dans la terre les gouttes d'eau se forment, & d'où estant formées elles commencent à se mouvoir & faire les premiers filets d'Eau. La 2e. est exterieure; & c'est l'endroit de la terre d'où sortent les Eaux pour couler sur la surface de la mesme. C'est le lieu où elles commencent à paroistre & se rendre visibles, & d'ordinaire on entend ce lieu & l'eau qui y est par le mot de Source. La 3e. est la Source de l'eau renfermée, c'est à dire, l'endroit où l'eau commence à entrer dans vn corps concave, tel qu'est vn Tuïau, dans lequel elle

est renfermée, & partant contrainte de suiure le chemin de telle concavité. Et c'est de cette sorte de source seulement qu'on doit entendre cette maxime celebre que l'eau peut par vertu de ses parties remonter jusques à sa Source. Qu'elle ne peut monter & s'éleuer plus haut que sa Source. Et d'autant que cela arrive dans nos Tuïaux: C'est sur eux qu'il faut appliquer ces maximes, comme ie feray au Traité des Tuïaux.

DES SOVRCES ARTIFICIELLES.

CHAP. III.

AYANT expliqué les Sources que la nature nous presente, ie viens à ce que l'Art y doit adjouster pour en faire d'Artificielles. Ie dis adjouster: pource que l'Art ne travaille iamais, que sur le fond de la nature, & par des vertus naturelles, comme on peut preuver par une inductiõ universelle. Aussi ie conseilleray toûjours à toute personne qui voudra bastir de le faire en lieu avantagé de la nature, sçauoir, en un bon Air, en Sources saines & en autres dons & principes de santé & de fecondité: Pource que telles sources nous presentent leurs eaux sans frais & sans travail; cõme aussi ie ne conseilleray iamais à entreprendre des Sources Artificielles, qu'aux lieux où la nature favorise un tel dessein: car rarement le succés dure où la nature est violentée. Mais d'autant que presque tous trouvent les Maisons déja basties & souvent loin des Sources naturelles, ils seront bien aises de voir les moyens d'en auoir d'Artificielles, ce Chapitre satisfera à leur desir. Par ce mot de Sources Artificielles, j'entend tout amas d'eau fait par l'Art humain, & propre à l'usage des Hommes. Et de cette sorte les Puys, & les Cysternes sont des Sources dormantes, les tranchées faites dans les Montagnes, & autres inventions en sont des coulantes, ce dont ie traite en ce Chapitre.

§. I.

§. 1. *Des Puys.*

C'EST vne espece de Source Artificielle, *qui sert en tout lieu*, & en tout temps, à la reserue de bien peu. C'est vne Cavité faite & pratiquée dans la Terre, jusques à une couche d'argille, sur laquelle on trouve le 4e. Reseruoir d'eau, duquel j'ay traité cy-dessus. Quelquefois on trouve cette couche assez prés & fort peu d'eau dessus : ce qui fait juger ou qu'elle a vne grande pente pour laisser couler l'eau, ou qu'il y en a vne plus basse, qui arreste l'eau en plus grande abondance, que les Puitiers vont rechercher. Si on y éleue vne muraille en rond pour arrester les terres & les empescher de tomber, on la bastit en bas de pierre seches, pour donner passage à l'eau au travers de telles pierres : & puis on continuë la muraille, liant les pierres auec mortier, pour empescher l'eau de la pluie détrempée auec la terre d'y entrer, pour lequel effet on met du Conroy à l'entour, dans la profondeur de 3. ou 4. pieds. Apres quoy on employe *diverses inuentions pour en tirer l'eau* & l'élever en haut. Quelques vns en bas auec vne longue Tariere ou simple verge de fer forte, font de petits canaux de tout costé pour y attirer l'eau & luy faciliter le chemin. Car les Puitiers estant arrivez à cette couche voyent l'eau y couler par divers filets qui y entrent de divers endrois : ce qui suppose des fentes & des petits canaux vuides de terre par où l'eau se décharge & va coulant en bas tant qu'elle peu. Et à cause que la cavité qu'on a fait en la terre donne de la pente à l'eau, elle donne aussi le moyen de s'y rendre, & pour le faire d'agrandir les fentes déja faites, de les multiplier, & mesme si quelque ruisseau sousterrain (comme il y en a grande quantité) & superieur passe proche de telle cavité, auec le temps il pourra se détourner & s'y rendre, comme l'experience a verifié souvent.

Les Puys fais de la sorte, *ne seruent pas seulement* de Sources pour fournir de l'eau proche nos demeures : mais encore de principe & d'antecedent pour conclurre diverses veritez, non seulement pour donner à nos corps des rafraichissemens, *mais encore à nos esprits des connoissances vtiles* : Car pour le 1er. point, Il est certain que c'est vne Source dormante, qui presente en tout lieu & en tout temps cét Element ; Et Dieu la rendu telle, pource que si elle estoit coulante elle tariroit bien tost, & nous laisseroit sans boisson. Quand au second point, voicy les veritez que nous y pouvons apprendre. La 1e. est qu'en les faisant, on découvre diverses couches de terre, qui peuvent bien seruir, comme sont couches de Sable, d'Argile, de Pierre, de Marne, & de divers Mineraux. La 2e. est qu'on peut conjecturer la qualité de l'Eau, qui passant par vn tel milieu en contracte les proprietez. La 3e. est la nature des Sources qui ne sont autre choses que plusieurs filets d'eau qui venans de divers endrois s'amassent & s'vnissent en vn, lequel trouvant passage & sortie, s'en sert pour couler sur la terre, ou bien quand les Sources sont plus abondantes ce sont des amas & des concours de plusieurs de ces eaux faites de plusieurs filets, que l'on découvre souvent en fouissant des Puys. Car l'eau de divers Puys y vient de ces façons, ce qui nous oblige de reconnoistre des Canaux sousterrains de toute grandeur. Mais la principale & la plus importante verité est de nous instruire du quatriéme Reseruoir, & de nous en faire entendre les dimensions. Car 1. nous en sçauons la hauteur ou profondeur, sçachant que le haut de l'eau du Puys est de niveau, c'est à dire, de mesme hauteur que l'eau du Reseruoir, lequel en est la Source. Et s'il y auoit de la difference entre ces deux eaux, celle du Puys deuroit estre vn peu plus basse, à cause de la nature du filtre, qui oste par son soustien de la force à l'Eau. 2. On en sçait la profondeur & le fond entant que en foüissant on trouve la couche de Conroy, qui le fait & qu'il faudroit marquer pour auoir au juste les deux termes de la hauteur du Reseruoir: sçauoir, le plus haut & le plus bas. 3. On apprend l'amplitude du mesme Reseruoir en trois façons. 1ent. Par conjecture, voyant l'amplitude la tere de niveau, ou peu penchante. Car il est probable que la couche d'Argile qui en fait le fond luy est parallelle ou approchante. 2. Par plusieurs Puys distans l'vn de l'autre, & fouïs dans vne mesme amplitude & surface terrestre: car s'ils ont la surface d'eau de niueau s'ils croissent & decroissent ensemblément, c'est vn signe qu'ils sont en vn mesme Reseruoir, & qu'il y a communication d'eau entre eux. 3. Par l'experience & l'espreuve suiuante. Il faut espuiser le Puys, & marquer le temps que l'on y employe, & la quantité d'eau que l'on en tire. Cela estant fait, il faut marquer le temps que l'eau mettra à remonter, & à remplir le Puys tant qu'elle peut, & particulierement la difference de la hauteur precedente auec la suiuante. Il est encore expedient de faire le mesme plusieurs fois, & consecutivement pour auoir autant de confirmation, & d'asseurance d'vne mesme verité. Et si on remarque le temps que l'eau demeure à remõter du premier pied puis du second, & du troisiéme on verra l'effet des pressions diuerses de l'eau superieure, car tant plus que l'eau en recroissant approchera de la hauteur precedente, & qu'il y aura moins de difference entre ces deux hauteurs, tant plus grande sera l'amplitude du Reseruoir interieur, pource que la quantité d'eau tirée en l'épuisant n'oste du Reseruoir que l'eau qui fait cette difference de hauteur puis que l'eau restante dans le Reseruoir la met dans le Puys jusques à sa hauteur. Partant la diminution ne vient que de l'eau qu'on en a tirée : ce que l'on peut rendre visible réplissant vn vase de terre, & en partie d'eau & mettant au milieu vn Tuïau de verre qui representera le Puys. *Item*, tant plus l'eau tarde à remonter, tant moins elle a de pression superieure. On voit de plus toute l'année par les éleuations ou depressions de l'eau dans vn mesme Puys les diuerses hauteurs du quatriéme Reseruoir, & les secheresses & abondances d'eau. Si le Puys n'estoit fait de quelque Source abondante : Ce que l'on peut conjecturer quand il ne décroit pas comme les autres. *Item*, si quelque Source se fait d'vn tel Reseruoir elle croistra & décroistra comme luy, & aux grandes secheresses on n'aura qu'vne eau plus terrestre, & comme la lie qui souvent cause des maladies dequoy on n'a que trop d'experiences. Pour éclaircir cecy par vn exemple soit vn Puys de trois pieds de Diametre, qui aye au mois d'Octobre ou aprés vne secheresse 12. pieds de hauteur d'Eau, la prenant depuis la marque du Conroy jusques à la surface. 2. Qu'on l'épuise en 20. heures, & pour le faire qu'on tire 300. seaux d'eau d'vn pied cubique chacun. 3. Que l'eau demeure 40. heures à se restablir & à reuenir à la plus grande hauteur qu'elle peut. 4. Que cette hauteur soit moindre que la precedente d'vn pouce. Ce qu'estant, ie dis, 1. Que le Reseruoir interieur estoit au parauant haut de 12. pieds, autant que l'eau du Puys qui monte aussi haut que sa Source, qui est le Reseruoir. Et puisque l'eau a baissé par cét épuisement d'vn pouce dans le Puys, elle a baissé autant dans le Reseruoir : pource que l'vn croist & décroist auec l'autre, & comme l'autre. Ie dis 2. que les 300. seaux tirez du Puys & ostez du Reseruoir faisoient la hauteur d'vn pouce dans tout le Reseruoir devant que d'estre ostez : Partant si nous multiplions 1728. pouces que contient chaque pied Cubique par 300. pieds Cubique, nous aurons au produit de 518400. pouces l'étenduë de l'eau dans le Reseruoir : Et d'autant que l'eau ne fait qu'vne partie comme vne siziéme de l'amplitude du Reseruoir, la terre faisant les 5. autres parties, il faut multiplier ce produit par 6. pour auoir toute l'amplitude en 3110400. pouces, & diuiser ce nombre par 144. pouces qui font la surface d'vn pied pour auoir au Quotient la mesme amplitude en pieds de 21600. Et d'autant qu'on ne peut pas determiner au juste les parties de la terre & de l'eau, de là vient qu'on ne peut determiner au juste cette amplitude : comme aussi il y peut auoir vn peu de difference entre la hauteur du Reseruoir, & de l'eau dans le Puys, pour la raison mise cy-dessus.

Outre ces veritez communes à tous les Puys, chacun peut auoir quelques particularitez aussi bien que chaque Fontaine; & mesmes il s'en trouve de merueilleux, desquels ie parle en la Science des Eaux. I'advoüe que j'ay de la difficulté d'expliquer d'où vient l'eau des Puys de la Ville de S. Malo, située sur vn Rocher plein & solide comme prouvent les mesmes Puys, qu'on y a creusé: pource qu'elle ne peut venir ny de la Mer, à cause qu'ils sont plus éleuez, ny des pluies, à cause qu'elles sont toutes receuës ou sur les tois pour remplir les Cisternes, ou sur les ruës pavées & pench ãtes qui les font couler à la Mer. Si on ne veut dire que l'eau de la Mer inferieure y monte en vapeurs, où elle se resout en gouttes d'eau comme aussi les vapeurs de l'air.

§. 2. *Des Cysternes.*

L'Vniversalité des Eaux de pluie, qui tombent en tout lieu, & la bonté de ces eaux me font traiter des continens qui les reçoivent, les retiennent, & puis les rendent, quand on en a besoin. On les nomme des Cysternes, qui sont en vsage en plusieurs Monasteres, és Villes & Citadelles basties sur le Roc, comme est S. Malo, S Michël, *&c.* Et mesmes on tient que l'Abbaye de Cisteau porte ce nom, pour auoir des Cysternes. Ie m'estonne comme elles ne sont plus communes, & comme tant de Maisons ne s'en seruent, qui manquent d'eau, soit pour estre trop éleuées, ou trop éloignées des Fontaines, soit pour n'en auoir pas de saines. On peut les pratiquer facilement en bastissant les Maisons: pource que il est aisé d'y accommoder les tois qui reçoivent les Eaux, & en bas les murailles qui doivent les contenir: ce qui se fait plus difficilement la Maison estant déja basties. Le tout consiste à deux points, le 1er. est, de bastir vn continẽt capable de contenir vne grande quantité d'eau de pluie, & de la conseruer, & pource il doit estré fort pour resister à la pesanteur & pression de l'eau, & plein ou sans aucune fente ny pore traversant, pour empescher l'eau de s'échapper, de couler, & sortir par là; La 2. est, d'y faire descendre les eaux qui tombent sur le toit, lequel donnera de l'eau en plus grande quantité, selon qu'il sera plus ample tels que sont les tois des Cloistres, des Eglises, & des grandes Maisons. Le lieu ordinaire des Cysternes est dãs la terre pour auoir des eaux fraiches l'Esté & chaudes l'Hyver, d'où on tire l'eau comme on fait des Puys: mais on les peut bastir sur la terre, & l'eau en coulera par vn Robinet mis en bas: ce qui est bien plus commode: Et selon qu'elle sera plus éleuée on pourra conduire l'eau par des Tuïaux en divers endrois de la Maison: On en fait encore dessous les toits immediatemẽt y mettant des grãdes Cuves de plomp, ou de bois, d'où on fait découler l'eau dans divers endrois de la Maison par l'industrie que j'expliqueray en la distributiõ des eaux de Fontaine.

Ayant donc choisi vn espace assez grand, & vuide pour contenir l'Eau, il faut le terminer de tout costé d'vne muraille forte, ferme, & pleine en toutes ses parties; & partant espoisse & soustenuë par des arboutans necessaires: particulierement si on la fait sur terre afin que la chaleur du Soleil ny puisse pas agir. Car si elle estoit soustenuë d'vn Roc, il ne la faudroit pas si espoisse. Pour la rendre telle, la pierre doit estre forte, platte & de jauge: Le mortier doit estre fait auec du cimẽt de pieces de tuïaux & briques bien cuites, & pilées, & d'vne forte chaux. Il faut employer plus de temps à faire le mélange de ces deux choses, qu'a faire le mortier commun, afin qu'il ny aye petit grain ny pouciere qui n'aye sa colle; ny colle qui ne soit fortifiée & attachée à son grain, & afin qu'il ny aye aucun vuide. Le bas ou le fond doit estre vn peu en pente vers le milieu, où on laisse vn petit creu, afin que l'eau s'y rende quand on voudra la nettoyer; Le haut est vne voûte en laquelle on laisse vne ouverture en forme de Puys pour y tirer l'eau: On revest les murailles vne, deux, & trois fois, d'vn mortier fait comme cy-deuant, mais d'vne pouciere toûjours plus delicate & tamisée, & auec plus de temps & de soin pour faire vn entier & parfait mélange. Ce qu'estant fait, on rempli d'eau cette capacité pour l'éprouver, & voyant qu'elle ne diminuë point, que rien ne se perd on la vuide: puis on a coustume de la froter de vinaigre, & tout est achevé.

Le second point d'y faire descendre l'eau, demande 4. instrumens & pieces differentes, sçauoir, 1. l'Amplitude d'vn Toit en pente, pour recevoir beaucoup d'eau. 2. Vn Echenau de bois en bas & au bord du toit, ou vn Canal de plomp pour arrester l'eau qui coule du toit. Ce Canal doit estre vn peu penchant vers l'en droit où est la Cysterne, pour y conduire l'eau arrestée. On y met d'ordinaire des caillous polis & mediocres, tels qu'on les trouve és rivages des Mers & des Rivieres pour arrester les immondices, que l'eau pourroit trainer aprés elle. 3. Vn Tuïau gros & capable qui prenne de l'extremité de ce Canal pour y recevoir l'eau jusques à la Cysterne que l'on peut faire distante si l'on veut & élevée: pource que le Tuïau estant continué y rendra l'eau. On le peut faire ou de plomp, ou de bois, soit d'vne piece seulement, soit de deux jointes par ensemble fortement auec des cercles de fer: comme les tonneaux le sont auec des cercles de bois, ou de pierres maçonnées; & selon qu'il sera plus grand on y pourra mettre de gros sable, pour purifier l'eau toûjours dauantage. 4. Vn Cysterneau fait à l'entrée de la Cysterne, c'est à dire, vne petite ouverture & capacité qui a au fond vne grille ou vne lame ou plaque de cuivre percée par où l'eau descend, & dessus elle de gros sable où l'eau depose le reste de ces immondices. On nettoye la Cysterne de 6. ans en 6. ans, les toits & les caillous & les sables plus souvent; Il faut pouvoir destourner les eaux non salubres comme on estime celles des tonnerres, & celles qui viennent de certains endrois marescageux. On y doit mettre des descharges pour faire sortir & escouler les eaux trop abondantes, & qui surpasseront vne hauteur determinée: comme l'on fait aux Estangs.

Il y en a qui remplissent la cavité de la Cysterne de sable: mais outre qu'ils rendent la Cysterne capable de moins d'eau, ils ostent le moyen de la nettoyer; & si au commencement l'eau en est plus nette, à la longue le sable contracte des qualitez malignes qu'il communique à l'eau, comme l'experience a fait voir. La forme & la figure des Cysternes est d'ordinaire quarrée. Neantmoins la circulaire ayant le mesme circuit de murailles est plus capable comme ie monstreray au § 4 par vn exemple: La quarrée se peut aisément pratiquer en deux murailles à equierre: Car en y joignant deux autres, soit hors soit dedans la Maison, on a vne petite chambre quarrée capable de contenir & de conseruer beaucoup d'eau: L'Eau des Cysternes fume visiblement durant les grande froidures, comme fait l'eau de Puys, & de certaines Fontaines: Ce qui monstre qu'elle fume en tout autre temps; mais non pas visiblement, de mesme que la respiration des animaux se fait en tout temps; quoy qu'elle ne soit visible que l'Hyver. La cause de ces fumées est plus difficile à expliquer dans les Cysternes que dans les Puys, où les exalaisons sont renfermées dans les terres, & sortant par les Puys rendent l'eau plus chaude, & se rendent visibles. Là où icy il faut reconnoistre vne évaporation dont le principe est dans l'eau mesme, la chaleur qui en fait la rarefaction vient de la chaleur sousterraine esparse par tout.

---

§. 3. *La maniere de faire vne Source coulante, amassant les Eaux d'vne grande estenduë de terre superieure au lieu, auquel on desire la conduire.*

IE suppose icy ce que j'ay monstré cy-dessus du quatriéme Reseruoir, soit dans le § 5. du Chap. precedant soit dans le 1er. de celuy cy, qu'il se trouve par tout, & que les Sources naturelles ne sont autre qu'vne sortie de l'eau sousterraine coulante & croissante par l'abbord de plusieurs filets d'eau faits de ces Reseruoirs qui se joignent de lieu en lieu dans le passage de telle eau, laquelle en fin trouvant vne issuë fauorable sort de terre,& prend vn cours visible sur elle. Ce qu'estant si nous pouvons par artifice donner vne sortie fauorable & à nostre dessein à ces eaux sousterraines, soit diuertissant le cours des naturelles, soit ramassant les eaux, & les faisant couler au lieu que nous choisissons,nous aurons par industrie vne Source coulante, que ie nomme artificielle. Et pour en venir à bout il faut s'efforcer de connoistre la quantité de l'eau contenuë en la terre qu'on propose, & pour en prendre vne conjecture trois connoissances, nous pourront seruir d'antecedent, sçauoir, celle de la quantité, qualité, & situation de la terre qu'on presente. Car la plus grande quantité de la terre augmente le Reseruoir,& par consequent l'eau contenuë en iceluy. Et certes si l'eau qui tombe sur les tois d'vn Cloistre peut remplir vne Cysterne capable de plusieurs Tonneaux, qu'elle sera la quantité d'eau, que receuera la terre de 4. 5. 6. 10. & 12. journaux ou Arpens: sa qualité nous donnera le moyen de voir qu'elle partie de l'eau de pluie y entre: Car si la terre en sa surface est argileuse rien ny entre: si sabloneuse tout: si poreuse,la plus grande partie. La situation sert encore à la mesme connoissance. Car si la terre est Verticale elle laisse couler toute l'eau: Si Horizontale elle la retient toute: Si penchante elle en laisse couler vne partie, & en retient l'autre, & celle-cy en est d'autant plus grande, que la terre approche plus de la situation Horizontale. Et qui pourroit connoistre l'abondance des pluies qui tombent sur la terre, & la quantité de celle qui coule dessus sans y entrer, determineroit celle qui y entre,& qui reste de ce total. Il faut de plus que la terre soit superieure au lieu où on pretend auoir l'eau, afin qu'elle y puisse descendre. Outre ces conjectures nous aurons vne asseurance en y faisant vn Puys; pource que par luy nous apprendrons en la maniere expliquée cy-dessus, la distance de la couche de Conroy ou d'Argille & l'eau superieure; Et si l'Argille se trouve assez proche de la surface terrestre, & cette surface est penchante nous pouvős nous asseurer de révssir en ce dessein à peu de frais. Pour lequel accomplir il faut tirer deux lignes, qui au haut de la terre seront les plus distantes que faire se pourra, commençant par les deux extremitez & qui en baissant s'approcheront toûjours dauantage jusques à se rencontrer à l'endroit où nous voulons auoir la Source: Et de cette façon, ces deux lignes embrasseront la plus grande partie de la terre, & par consequent de l'eau qui y sera comprise. D'autres se contentent d'vne ligne qui prend d'vne extremité en haut, à l'extremité opposite en bas: mais ils n'enfermét pas de cette sorte toute l'eau contenuë dans la terre. Cette ligne marquera l'endroit des tranchées, où il faudra fossoyer pour pratiquer en bas vn Canal sousterrain, qui doit auoir les conditions suiuātes: 1. Il doit auoir pour fond le Conroy naturel, si faire se peut; & alors on pourra s'asseurer d'auoir vn amas des eaux comprises dans le Reseruoir: si-non il faudra le faire le plus profond qu'on pourra pour auoir dauantage d'eau superieure, & mesmes pour lors il faudroit en bas arrester toute l'eau par vne clef de Conroy, ce qui est bien difficile, si le Conroy naturel ne se trouve plus proche de la surface terrestre. Car l'eau coulante ne laisseroit pas d'en attirer d'autre. 2. Il doit estre penchant pour conduire toute l'eau à vn lieu commun. 3. Il faut mettre au costé inferieur du Canal du Conroy pour arrester l'eau dans le Canal & l'empescher d'en sortir. 4. La forme de ces tranchées, est de creuser en retrecissant jusques au lieu du Canal qu'on fera d'vn pied enuiron en tout sens, plus ou moins, selon l'eau qu'on pretend auoir, les vns le bornent de petites murailles de pierres seches & sans mortier: les autres le remplissent de gros sable, & sur iceluy meslent vne pierre platte; les autres vn aïs, & sur cette pierre le Conroy & sur ce Conroy de la terre bonne & en bas du Conroy: les autres font vn Canal de bon ciment.

§. 4. *D'autres manieres artificielles d'auoir vn Reseruoir & vn amas d'Eau.*

PLVSIEVRS vont chercher des Eaux bien loin auec de grands frais, soit pour les faire venir, soit pour entretenir leur conduite qui en peuvent auoir de bien proches, telles que ce Chapitre leur en presente, & particulierement ce §. 1. Ceux qui auront plus haut que leur Maison, vne ample estenduë de terres Horizontales, auec quelque concauité, peuvent y pratiquer vn estang d'eau de pluies pour s'en seruir à diuers vsages; On peut en voir la pratique auec succés à 5. lieuës de Paris à Noisy, où la Fontaine qui fait des jets d'eau n'a point d'autre eau pour Source, que celle d'vn Estang superieur, ny cét Estāg que celle des pluies, qu'on reserue pour cét effet. 2. Ceux qui auront leur demeure proche vne Riviere, où il y aura vn Molin, pourront par le moyen de la grande Roüe du Molin, y adjoustant vne l'Anterne faire joüer vne Pompe qui fera éleuer l'eau d'vne Fontaine voisine à la hauteur requise, pour estre distribuée dans les Offices de la Maison. Cette façon se pratique auec succés & profit au College des Pensionaires de la Fleche, où le Moulin en vne demy heure par iour fait éleuer d'vn Puys voisin autant d'eau à la hauteur de 24. pieds qu'il en faut pour les vsages de la Maison; Et ce qui est plus, en la Ville de Bru-

xelle

relles toute l'eau qui va tres-abondamment au Chasteau & Palais du Prince, y est conduite par vne Pompe qu'vn Moulin fait joüer. Pareillement à Ausbourg toute la Ville reçoit ses eaux par la mesme industrie, qui sont distribuées par tous les endrois, tant la Source que le Molin éleve est abondante. En d'autres endrois on éleve l'eau par vne Roüe à seau de toute la hauteur du Diametre de la Roüe cõme à Essone: En d'autres par vne cavité en spirale de la hauteur du Semidiametre: I'en dõne icy la figure, pource que l'inuention est facile & asseurée; C'est la Riviere coulante qui fait mouvoir l'vne & l'autre Roüe. Tout le traité des moyens d'éleuer l'eau sur sa Source peut seruir icy.

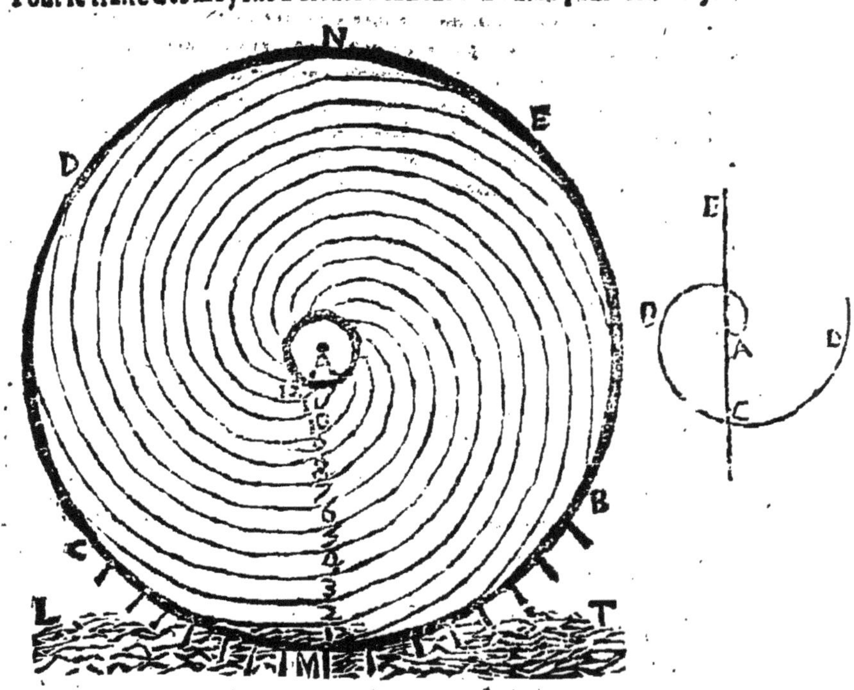

3. Ceux qui auront vne terre penchante, & vne concavité plus bas capable de contenir & retenir l'eau, pourront y faire descẽdre l'eau de pluie, qui coulera de la terre superieure: Mais afin qu'elle y entre pure & nette, il faut dessus faire vne surface, soit de pierre platte, soit d'ardoise, soit de pavé, soit d'vne terre chargée d'herbes, & à la fin deuant qu'elle tombe dans telle cavité la faire passer par vne grande espoif-

seur de sable pour y déposer toutes les immondices. Cette façon peut suppléer à celle du §. precedent. Et pour faire voir l'abondance de l'eau que l'on pourroit esperer. Si la cavité preparée comme le dedans des Cysternes estoit quarrée de 30. pieds chaque costé, & de 20. pieds de hauteur, elle contiendroit en son circuit 4. fois 30. c'est à dire, 120. pieds: En son fond 30. fois 30. c'est à dire, 900. pieds quarrez: En la surface des 4. murailles 20. fois le circuit 120. c'est à dire, 2400. pieds quarrez: En la capacité 20. fois, le fond 900. c'est à dire, 18000. pieds Cubiques, chacun desquels contient 72. chopines ou 36. pintes, ou 18. pots mesure de Paris; & partant elle contiendroit 324000. pots d'eau, ou 675. tonneaux, à 480. pots chaque tonneau: Et cette cavité estant pleine vne fois seulement chaque mois, il y auroit en l'année 12. fois 675. tonneaux, c'est à dire, 8100. qui donneroient chaque iour 21. tonneaux d'eau & 49 pots. Ce qui suffiroit pour les necessitez d'vne Ville. Et si la cavité estoit ronde de mesme hauteur de 20. pieds, de 38. pieds de Diametre, elle auroit vn peu moins de murailles, mais beaucoup plus de capacité. Car le circuit seroit 3. fois le Diametre de 38. pieds, c'est à dire, 114. auec la 7e. partie que ie mets 5. fois, le tout seroit 119. En son fond elle auroit le produit du circuit 119. multiplié par la 4e. partie du Diametre 9. & demy, c'est à dire, 1130. & demy: En l'amplitude de ses murailles 20. fois le circuit, c'est à dire, 2380. pieds quarrez: En sa capacité 20. fois le fond. c'est à dire, 22610. pieds Cubiques. Vous pouvez par la supputation precedête declarer la mesme quantité en pots & en tonneaux d'eau, & vous verrez que la capacité ronde est de beaucoup plus capable que la quarrée, quoy qu'elle aye moins de murailles contenantes & de circonference. Cette façon n'estant autre qu'vne espece de Cysterne, Il faut lire le §. 2. pour la rendre parfaite.

4. Ceux qui auront vn Estang au pied de leur Maison ou Iardin retenu par vne Chaussée bien éleuée, ou qui auront vne Source abondante plus basse que leur Maison, auec vne grande descente pourront par le moyé d'vne partie de l'eau descendente faire monter l'autre, soit de l'Estang, soit de la Source, par la maniere que j'explique au Traité de faire monter l'Eau sur sa Source, par l'eau mesme, l'élevation ne doit pas passer 30. pieds.

5. Ceux qui ont vn Puys ont vne Source dormante, comme j'ay prouvé au §. 1. mais si le Puys est en vn lieu éleué, de sorte que l'eau soit superieure à l'endroit où on la desire, on en pourra faire vne coulante en deux façons; La 1e. est en perçant la terre vn peu plus bas que la Source, jusques à la rencontre de la mesme. Le Niveau & la Boussole nous marqueront le chemin, lequel il faut tenir pour y parvenir. La 2e.

façon est par vn grãd scyphon renuersé qui ira d'vn costé dans le Puys jusques à l'eau, & puis montant au haut continuera de l'autre costé à baisser jusques à vn endroit plus bas que sa Source : Mais pour réussir en ce point, Il faut 1. s'asseurer de la quantité de l'eau du Puys, par la regle declarée au §. 1. 2. Il ne faut pas que l'éleuation du Tuïau passe 30. pieds & 3. Il faut mettre trois Robinets, deux aux extremitez, & vn en haut, les deux premiers seruiront pour contenir l'eau qui doit remplir le Tuïau, laquelle on versera par le Robinet du haut ouvert. Car les Tuïaux estans pleins le Robinet du haut estant bouché. Quand on ouvrira en mesme temps ceux du bas, l'eau coulera continuëment tant qu'il y en aura dans le Puys. I'ay donné à la fin de ma Chronologie le moyen de faire couler l'eau également, & la faire seruir d'Horologe.

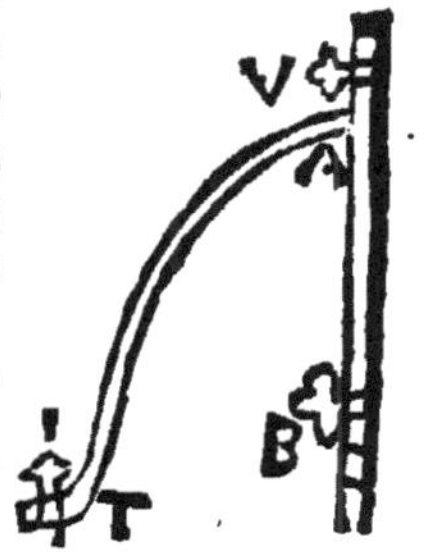

6. Vn Autheur donne cette inuention pour auoir vne Source artificielle en vn Arpent de terre. C'est de faire des fossez d'vne toise de large, assez profonds, penchans & distans l'vn de l'autre de deux toises, mettre au fond du Conroy, & les faire concourir en bas par vn fossé penchant qui les joindra : puis remplir le tout de sable jusques à 2. ou 3. pieds de la surface de la terre, lesquels il faudra remplir de bonne terre, car les eaux superieures s'y déchargeront. Cette façon approche de celle du §. precedent, & mesmes on pourroit arrester les Eaux des pluies qui coulent sur vne grande piece de terre penchante, haussant le Conroy vn peu sur la surface, & la faire entrer dans ces fossez remplis en la maniere expliquée.

§. 5. *La maniere de découvrir par art les Sources couvertes & cachées.*

CE que ie diray icy est plûtost par l'auctorité des autres, & par quelque raisonnement, que par experience. 1 Ie dis premierement; Que l'on ne peut connoistre le lieu d'vne Source sousterraine & couverte par aucune cause & par aucun principe antecedent naturel & necessaire, mais seulement par des effets posterieurs. Pource que tel lieu est tres-indifferent à telle Source n'ayant de soy que la capacité de recevoir toute sorte de corps d'égale estenduë à celle de son espace. Et telle eau en espece est aussi tres-indifferente à vn tel lieu pouvant estre également contenuë en tout autre lieu d'égale capacité, comme j'ay déja démonstré au §. 6. Ch. 2. D'où s'ensuit qu'il faut chercher quelque effet posterieur, & qui suive de la Source cachée; comme la fumée par la cheminée est signe du feu qui est au bas d'icelle. Et ceux qui voyant seulement le lieu declarent la Source cachée ne le peut faire que par magie.

II. Ie dis secondement, que les effets posterieurs, desquels on peut esperer la connoissance des Sources couvertes, & desquels traitent les Auteurs, se peuvent reduire à quatre especes; La 1e. est l'élevation particuliere des vapeurs en vn endroit: La 2e. est la naissance de certaines herbes: La 3e. est l'experience: La 4e. est le mouvement de quelques corps sympathiques ou antipathiques aux Sources cachées.

III. *Le premier moyen par des Vapeurs sortantes en vn endroit particulier;* Ie sçay bien que la terre fait sortir de soy continuëment & de tout endroit des vapeurs, & des exalaisons: à cause que par tout les deux principes de ces fumées se rettouvent: mais comme il y a des endrois d'où sortent des fumées inflammables: ce qui monstre du feu caché, ainsi qu'on voit en vne Fontaine distante trois lieuës de Grenoble; aussi y en a-il d'autres d'où sortent des vapeurs en plus grande abondance & d'vne façon particuliere, ce qui monstre de l'eau cachée: Toute la difficulté est à les bien reconnoistre, Vitruve donne cette façon.

Il faut se coucher le ventre contre terre en vn iour serain & clair, sur le point du leuer du Soleil, & auoir le visage tourné vers le Soleil levãt en temps d'Esté, & selon Palladius au mois d'Aoust, où les pores de la terre sont ouverts, & donnent libre passage aux vapeurs. Il faut regarder la surface terrestre qui est devant nos yeux, & voir s'il y a des fumées tremblantes qui s'élevent en tourbillons de quelque endroit: Ce sera là, où il faudra fouïr pour trouver de l'eau, qui sert de matiere à ses vapeurs montantes; car les autres parties ayant esté dessechées, soit par l'attraction des rayons solaires, soit par la nourriture fournie aux plantes, qui n'ont pour aliment commun, que l'humidité de la terre, ne peuvent pousser telles vapeurs: Cassiodore en la derniere Epistre du Livre 3. traite de ce sujet, & adjouste à ce que dessus. Que si au leuer du Soleil on voit comme vn amas de moucherons voltiger sur vn lieu particulier, c'est signe qu'il y a vn amas d'eau, & partant vne Source: *Item*, Que la Source est d'autant plus profonde & sous terre que la fumée sortante s'éleve sur terre. I'ay dis qu'il faut tourner sa veuë contre le Soleil: Pource que l'on apperçoit plus distinctement les petits objets, qui sont entre-d'eux: Et pour mieux reconnoistre cette verité par divers exemples. Si vous estes en lieu où il y aura quantité de petits moucherons, & si vous les mettez entre vous & le Soleil, vous les appercevrez tous, à cause qu'ils font ombre. Si vous vous mettez entre eux & le Soleil vous aurez de la peine à les voir & distinguer. *Item*, Si en vn temps de brouïllars tombans, vous regardez le Soleil par vn petit trou fait dans vn papier; ou par vn verre coloré que vous joindrez encore avec le papier percé, si vous craignez d'estre offensé des rayons solaires vous verrez distinctement les brouïllars tombans, soit en gouttes, soit en filamens: ce que vous ne pourriez reconnoistre d'autre façon. D'autres en mesme temps font des fosses és endrois où par conjecture ils se persuadent pouvoir trouver de l'eau; & puis ils y mettent le soir vn corps capable, & mesmes attractif de ces vapeurs, comme sont laines, toisons, éponges, cottons, étouppes, sables, sels, *&c.* apres auoir esté bien sechées, qu'ils couurent d'vn bassin pour exclurre toute autre humidité, & le matin ils vont reconnoistre par la diuersité de pesanteur l'humidité acquise la nuit, & par les gouttes paroissantes au bassin.

IIII. *Le second moyen par les plantes*; Les autres cherchent des herbes, qui viennent & croissent semblablement dans les lieux où ses vapeurs sortantes & montantes se rencontrent. Car comme il y en a qui demandent des eaux croupissantes, aussi y en a-il qui desirent des eaux mobiles; tels dit-on estre le Tussilage, les Saules, Roseaux, Oysiers, Aulnes & autres, tant arbres que plantes, qui grossissent incontinent & abondent en branches & feuïlles: Ce qu'ils ne peuvent faire que par vn aliment abondant, qui n'est autre que l'eau: De plus les grandes verdures des feuïlles sont vne marque de beaucoup d'humidité, & particulierement quand cette verdure ne se trouve qu'en vne longueur, & qu'elle manque aux enuirons. Il faut bien que les forests ayent des eaux pour nourrir des arbres si multipliées & si amples en hauteur & en estenduë. Entre les costez divers des Mõtagnes, ceux d'ordinaire sont plus chargez de vapeurs, qu'ils conuertissent en eau, qui sont exposez aux vens pluvieux & humides, tels que sont icy les Occidentaux: comme aussi ce sont en eux, qu'on trouve plûtost des Sources: Les arbres plantez sur des Mines s'en ressentent, & en donnent quelque marque. Il y a des corps qui attirent l'eau, comme sont tous les sels, le Marbre qui abonde en sel. Les Egyptiens le 17. de Iuin & les suiuans, où la Rosée a coustume de tomber, prennent les vns du sable du Nil sec; les autres vne motte de terre dans la campagne, la pesent le soir, & le matin la trouuent plus pesante, quoy qu'elle aye esté enfermée plus ou moins selon que la Rosée doit tomber plus abondamment, qui apporte la santé aux corps, l'inondation au Nil, la fertilité aux terres. Le terre Calciné attire aussi chaque iour de l'eau qu'on luy fait rendre par distillation. La terre Vierge ayant perdu son sel hermetique par art, & estant mise en vn grenier, quoy que fermé le reprend & s'en trouve empreinte, *&c.*

V. *Quatriéme moyen par experience*; Les vns font des fosses és endrois où par les autres moyens on conjecture de l'eau, & puis entrent bien auant dans la terre auec des Tarieres, qui rapportent des corps compris en chaque endroit, & qui estant creuses contiennent l'eau qu'on attire par aspiration: mais cette façon est plus speculatiue, que pratique. La vraye maniere est d'y faire des Puys au mois de Septembre & Octobre, & aprés de grandes secheresses selon la maniere expliquée au §. 1.

VI. *La Cinquiéme maniere par des mouuemens Sympathiques;* On se sert pour ce sujet d'vn sion de coudrier, qui se diuise en deux brâches, dont l'vne regarde le Septentrion, l'autre le Midy, & lequel estant mis en vn parfait équilibre se porte sur la main, & tourne incontinent qu'on arrive sur vn lieu où il y a vn cours d'eau sousterrain. Certes ie ne sçay que dire de cette experience: car si ie cõsidere la raison ie n'en trouue aucune pour elle: ce qui n'est pas suffisant pour la nier: Puis qu'il y a mille effets naturels, dont nous ignorons les causes; mais j'en voy beaucoup contre elle. Car cette baguette ne tourne point sur l'eau découuerte, ny coulante, ny dormante. Et pour la sousterraine on en trouue par tout selon le §. 5. Chap. 2. & le § 1. du 3e. Si on dit que l'eau coulante fait sortir suiuant le 1er. Moyen des vapeurs montantes qui sont causes d'vn tel effet. Ie respond que la Baguete tourne sur le cours d'vne eau renfermée dans vn canal bien cimenté, & qui empesche toute transpiration & évaporation. Si on dit que c'est vne vertu sympathique, elle deuroit conuenir à l'égard de toute eau. Si la sympathie est vers quelque autre corps, il faut le trouuer. De plus, il y a grãde diuersité à choisir ces Baguettes, & du temps auquel seul il faut les cueillir. De deux branches de mesme nature, l'vne comme sympatique baisse, & s'approche; l'autre comme antipathique s'éloigne & se hausse; quoy que toutes deux soient de mesme nature. Il est vray qu'on reconnoist cette contrarieté és deux Poles de l'Aiman.

La mesme difficulté & encore plus grande est, si on s'en sert pour les Thresors & Metaux, pour lesquels connoistre on l'applique quoy que fort differemment: Les vns la prennent par les deux branches, & les tiennent éleuée, & disent qu'arriuant vers le lieu des Thresors elle baisse: Les autres la plantent en terre: Les autres en font vne boulle, & la font rouler sur terre pour voir de quel costé elle penchera. Les autres en font 4. de mesme longueur, comme de deux pieds qui sont tenuës par deux personnes, chacun desquels en tient deux horizontalement & parallellement contre les deux de l'autre: ainsi les deux de l'vn sont jointes & arrestées par les deux de l'autre. Et alors estant pressées elles plient & penchent contre le lieu des Metaux, & estant dessus elles se croisent. Elles tournẽt encore contre le bois pourry, & de deux Metaux contre le plus noble Outre qu'elles ne tournent pas en toute main. Agricola s'en moque cõme d'vne chose inutile; Athanase Keircher dit y auoir révssi pour les Eaux, non pour les Thresors & Metaux La Baguette estoit d'Aulne qu'il dit auoir inclination à l'Eau, comme les Coudrier à l'Or & à l'Argent, le Fresne à l'Airain. L'Arbre de Poix au Plomp, & generalement le Genievre, le Lierre, & les arbres qui portent espine ont vne affinité auec les Metaux. Cæsius en deux endrois du Liure des Mineraux en traite, & y soubsonne de la Magie, disant qu'elle ne fait rien en ceux qui renonce à tout pacte. Fluldus page 117. de son Liure *De lege Mosaïca*, l'approuue, & cite des natiós qui s'en seruent. Pour moy s'il y à quelque sympathie naturelle, ie ne serois pas marry qu'on s'en seruit pour découurir les Mines: mais ie voudrois volontiers en empescher l'effet sur l'Or & l'Argent monnoyé & mis en ouvrage, que les Habitans d'vne Ville cachent durãt les guerres, pour les guarentir de la violence des Soldats, qui ont vne impunité pour les larrecins. En attendant que j'apprenne vn remede naturel l'Eau Beniste, le Sel benit & vn *Inprincipio* portent cette benediction contre les Sortileges, & inuentions Magiques. Il est vray que le Coudrier est reconnu auoir la vertu de seruir à nourrir & éleuer vn Fan de Biche, à guerir des tranchées à vn Bœuf ou Cheual, qui en est tourmenté luy en frottant les flans: à tuer les serpens par son attouchement, à attirer les Abeilles aux ruches qui en sont frottées, à abonder en sel; Les noisettes qui se forment & croissent sur l'eau ne valent rien: mais on n'a pas encore bien veu cette vertu sympatique.

§. 6. *Le moyen de faire monter l'Eau des Sources naturelles par dessus le lieu de leur sortie.*

PVISQVE les Sources viennent toûjours d'vn lieu plus éleué, & souuent par des conduis propres & separez des autres; comme il arriue és Sources des eaux differentes en qualité telles que sont les eaux chaudes & froides: douces & salées, qui en leur sortie sont souuent proches les vnes des autres, & qui partant perdroient leurs qualitez si elles se mesloient, & se mesleroient si elles n'auoient des conduis propres, lesquels s'ils auoient la force, fermeté, & plenitude de nos Tuïaux artificiels on [illegible]roit asseurément vn succés tres-heureux en ce dessein, & les eaux des Sources basses grandement éleuées: sçauoir est, à la hauteur des interieures: mais certes c'est vn grand hazard de rencontrer de tels conduis naturels; & on ne peut les recõnoistre tels, que par l'effet quand l'eau remonte; & encore on ne peut asseurer que tel effet soit de durée, que quand apres plusieurs années vne Fontaine retient constamment l'éleuation qu'elle a eu au commencement; Nous pouuons bien conclurre voyant la Source exterieure par son mouuement qu'elle vient de haut: puis que la pesanteur ne tend que du haut en bas; par sa quantité quand elle est grande qu'elle vient de loin, & par sa celerité qu'elle vient de haut: car la celerité vient de la pression, cette cy de la hauteur. Mais nous ne pouuons pas sçauoir le milieu par où l'eau descend: s'il est estroit ou large, fort ou foible, plein ou poreux, *&c.* d'où neantmoins dépend le succés de l'entreprise.

Ie dis premierement, que pour principe il faut sçauoir que l'eau sousterraine se détourne de son cours & chemin accoustumé en deux occasions & sujets. Le 1er. est, quand on luy donne vn lieu plus bas: comme quand on creuse vn Puys, les eaux superieures à la cauité de ce Puys petit à petit s'y vont rendre, le propre de la pesanteur estant de prendre les plus grandes pentes: Et quoy qu'au commencement les Puitiers ne trouuent pas beaucoup de filets d'eau, ils sont asseurez qu'à la longue ils multiplieront. Le 2. sujet est, Quand on fait monter l'eau en sa sortie. Car tous les costez du conduit interieur plus bas que l'eau éleuée sont pressez de tout costé par l'eau qui y est contenuë: comme il arriue dans les Tuïaux, & comme on le peut rendre visible. Et si telle eau peut où trouuer où faire la moindre fente elle sort par là, & puis petit à petit l'agrandit, & en fin quitte son chemin ordinaire, & le lieu par où elle sortoit. Et voila tout le sujet qu'on a de craindre de perdre vne Source la voulant éleuer plus haut qu'elle n'est en sa sortie.

Ie dis 2. Qu'il y a deux moyens d'éleuer l'eau d'vne Source, l'vn facile, mais hazardeux: l'autre asseuré, mais difficile. Le 1er. fait en petit dans les Sources, ce que l'on fait en grand dans les Estang. Car comme icy on fait monter l'eau par le moyen d'vne grande & haute chaussée, qui l'arrestant la contraint de monter jusques à la descharge: Aussi là on fait à l'entour de la Source vne petite Dique, Ecluse, ou Chaussée, qui arrestant l'eau de la Source l'oblige de s'éleuer & remplir l'espace compris dans vne telle Ecluse; Voila la facilité. Le hazard est, En ce que la Source interieure continuë toûjours à fournir de l'eau à l'exterievre: Et quand cette-cy ne peut plus couler qu'en montant, il faut que l'eau coulante continuëment trouue sa décharge, qui ne peut estre que, ou exterieurement sur la Dique qui la retient, ou interieurement par quelque fente qu'elle trouue, ou qu'elle se pratique, pressant tous les endrois de son conduit par le principe mis cy-dessus. I'ay veu vne Fontaine qui ayant esté éleuée entre 5. & 6. pieds par cette inuention, & ayant duré en cette éleuation deux ans entiers, en vne matinée se trouua diuertie & perduë: I'en ay mis en pratique vne autra qui monte bien 20. pieds, & dure constamment.

Le second

Le second moyen est, De creuser dans la terre, & suiure la Source selon son cours sousterrain, jusques à ce que l'on soit arriué à la hauteur qu'on desire auoir: mais outre qu'on s'expose à perdre son trauail, telle eau pouuant venir immediatement par en bas, ou par vne ligne de Niueau & bien longue, les dépenses qu'il faut faire à miner la terre, à soustenir la superieure, & l'incertitude que l'on a d'arriuer bien tost à la hauteur qu'on pretend rendent cette façon moralement impossible, & on ne doit point ny l'entreprendre, ny la conseiller sans auoir de fortes conjectures qu'elle vient du haut immediatement. Si le terroir est sablonneux je ne trouue pas hors de propos de suiure la Source, soit pource qu'on y fossoye facilement, soit pource que d'ordinaire les Sources s'y diuisent & on les ramasse par ce moyen: si c'est Roc il ny faut pas penser.

Ie dis *3ent.* Que la vraye marque que l'eau commence à se détourner de son chemin accoustumé, & se perdre dans le premier moyen est quand l'eau coule en moindre quantité dessus la Digue, qu'elle ne faisoit par la Source. Partant il est necessaire de sçauoir combien d'eau coule par la Source d'ordinaire en tant de minutes, deuant que de la faire monter pour juger de la diminution, & par la diminution du diuertissement, & par cetuy-cy de la perte de la Source. La raison de cette marque est éuidente & tirée de ce que l'eau interieure continuë à se former, & puis à couler en mesme quantité, & la Digue faite ne peut estre la cause d'aucun amoindrissement en ce qui se passe dans la terre. Que s'il arriue qu'on perde la Source en tout ou en partie, on peut voir à peu pres considerant les circonstances de la terre, par où se peut faire telle perte, & y remedier promptement.

Aduis sur le 1. 3. & 4e. §. Il faut remarquer que si le sol où il faut foussoyer est de pierre, le 4e. Reseruoir ne s'y trouue pas comme dans la terre pure, si la pierre n'est beaucoup poreuse: L'Eau d'ordinaire y coule par des fentes qu'elle a faite y empeschant la petrefaction: Partant pour rencontrer beaucoup de ses fentes, & par elles plusieurs cours d'eau, qui amassez font vne Source plus constante que les autres, il est expedient de creuser en long & contre la descente des Eaux. On peut en voir & verifier le succés en presque toutes les Carrieres vn peu profondes, qui donnent de l'eau en quantité, & souuent en des endrois superieurs au lieu où on desire en auoir: Ce qu'estant on pourroit s'en seruir auec profit.

LES

MOYENS DE CONNOISTRE, ET D'EXAMINER CE QVI APPARTIENT AVX SOVRCES, ET A LEVR CONDVITE.

CHAP. IIII.

CE Chapitre est pour donner la connoissance aux Fontainiers, & autres que l'on doit auoir deuant que d'entreprendre la conduite d'vne Source; Et ceux qui les employent feront bien d'exiger d'eux, qu'ils mettent par escrit la responce aux points contenus en ce Chapitre: Sçauoir, 1 La quantité de l'Eau que l'on doit esperer. 2. La hauteur de la mesme sur le lieu où on doit la conduire. 3. Les diuers endrois du milieu par où on peut la conduire. 4. Le choix du plus avantageux. 5. 5. Les diuerses incommoditez qui s'y rencontrent, tant naturelles que civiles, &c.

§. 1. *La maniere de connoistre la hauteur d'vne Source sur les lieux ausquels on doit la faire aller.*

VNE telle hauteur est la cause & le principe du mouuement de l'Eau dans tout le milieu: Elle ne peut se mouuoir d'elle mesme que du haut en bas, & quand elle est enformée dans les Tuïaux la hauteur est la cause de la montée de l'Eau jusques au Niveau de la Source. Ainsi il est necessaire de l'auoir le plus exactement que faire se pourra, pour n'estre point trompé dans le succés.

Le Traité que j'ay fay exprés, & ample du Niveau & de ses vsages, satisfait si entierement à cette question, que ie n'ay plus rien à y adjoûter, que les trois aduis suiuans. Le 1er. est, Si la Source est tant soit peu plus basse que le terme de sa conduite, il ne faut pas pour cela la negliger si le milieux luy permet vne descente fauorable, & en pente; car on pourra la receuoir dans vn bassin enfoncé, où il faudra descendre de quelques marches & degrez, pource que c'est épargner biẽ du trauail & de la peine, ou bien il faudroit l'éleuer en la Source dans vn bassin mis en telle hauteur, & du bassin la faire venir par Tuïaux au lieu destiné. Le 2. est, S'il y a plusieurs Sources de differente hauteur qu'on veuille joindre en vne dans des Tuïaux, il faudra s'arrester à la hauteur

4

de la plus basse, & ne compter pour rien l'excés de hauteurs qu'ont les autres. La 3e. est, Si on a vne trop grande hauteur qui feroit rompre les Tuïaux par l'effort de la pression, il faut receuoir l'eau en des Bassins & Cysterneaux plus bas, à cause que chaque bassin donne le commencement à la pression dans les Tuïaux inferieurs, & attachez à ce bassin.

§. 2. *La maniere de connoistre la quantité de la Source.*

D'AVTANT qu'elle est differente en diuers temps de l'année, il est expedient de la mesurer dans les temps, où les Eaux sont plus basses, & où elles decroissent dauantage; & afin qu'on puisse s'asseurer de l'eau que l'on aura, ce qui arriue apres de grandes secheresses, & d'ordinaire dans les mois de Sptembre & Octobre, où la terre se trouue doublement épuisée, sçauoir; *tant* Par les rayons du Soleil plus directs, & partant plus puissans à attirer les vapeurs de la terre, & par les plantes & les arbres, qui en ont aussi attiré pour leur seruir d'aliment. Prenez vn aïs, faites y plusieurs trous d'vne mesme mesure, comme d'vn pouce, & que les centres soient tous dans vne mesme ligne de Niueau: Ayez des bouchons pour fermer ceux qu'il faudra: Ou bien si vous voulez auoir la mesure des Eaux d'vne Fontaine en tout temps, & voir si elle croist ou décroist réglément en vn temps plûtost qu'en vn autre, comme à la pleine Lune; ce qui arriue en plusieurs Fontaines de Bretagne, où chaque iour plusieurs fois taillez vne pierre de sorte que le vuide fasse vn Parallellogramme Rectangle, A. V. I. O. dont les costez Parallelles soient diuisez en pouces, & ceux-cy en lignes. Faites que le fond V. I. soit d'autant moindre que l'eau l'est, & que les autres costez A. V. & I. O. soient plus éleuez pour s'asseurer de tous les accroissemens des eaux, qui seront d'autant plus visibles que le costé d'en bas sera plus estroit: Mettez soit vostre aïs troüé, soit vostre pierre taillée & fenduë en vn endroit, par où toute l'eau du ruisseau soit obligée de passer: Ce qui se fera bouchant bien tout le reste, & ne laissant aucun passage que les ouuertures de l'aïs ou de la pierre; & vous verrez par les pouces que l'eau coulante remplira la quantité de l'eau de toute la Fontaine. Si vous ne voulez faire cette experience, que quelques iours, c'est assez de fendre vn aïs A. B. C. D. par le milieu en M. N. le diuiser en parties égales, & le placer au lieu de la pierre. Ces façons ne sont point exactes; pource que de deux chefs, par lesquels on a plus ou moins d'eau elles n'en contiennent qu'vn, sçauoir, la grosseur du Tuïau, par où elle passe; L'autre est la celerité,

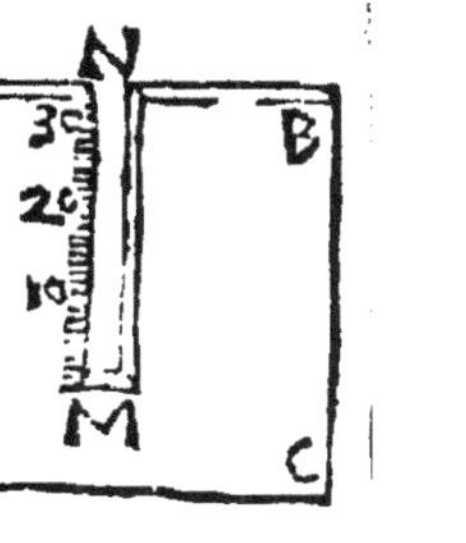

auec laquelle elle passe, & souuent on aura plus d'eau d'vn Tuïau d'vn pouce; par lequel elle sortira auec vitesse, que d'vn de 2. 3. 4. & 5. où le mouuement sera tardif: Ce que l'on peut verifier en vn Scyphon éleué verticalement, par où l'eau montera en vne brāche C. P. à cause de la pressiō de l'eau descendente de plus haut dans l'autre A. B. Car si en ce Tuïau on fait des trous égaux en chaque pied de hauteur qu'ō bouchera, & si on fait couler l'eau successiuement & à part, par chacun d'iceux qu'on ouurira, l'eau coulera bien plus viste par les trous inferieurs qui donnerōt bien dauantage d'eau en mesme durée de tēps, que les superieurs, à cause qu'ils ont moins de resistāce & cōtrepression à vne mesme pression A. B. Partāt la vraye façon de recōnoistre la quātité d'vne Source est, de receuoir l'eau durant quelque espace de temps, comme de 10. 20. ou 30. minutes secondes; puis la mesurer ou peser pour voir ce qu'on a receu: Pource que de là on jugera combien on peut en esperer chaque iour. Et pour trouuer & compter la durée de tant de minutes secondes qu'on voudra, vous n'auez qu'à suspendre & attacher vne balle de plomp à vn filet de 3. pieds & vn pouce de long, puis tenant le filet par vne extremité pousser vne fois la balle qui est en bas, & puis la laisser agir: Car autant qu'elle fera de tours & de retours en allant & venant, c'est à dire, des Arcs de Cercles, soit grands soit petits, qui seront tous d'vne durée égale, autant doit on compter de minutes secondes: Et d'autant qu'il y a en chaque minute premiere 60. secondes: En chaque heure 3600. En chaque iour 86400. Si en 20 minutes secondes j'ay trois pots d'eau, en vne minute premiere j'en auray trois fois plus, c'est à dire, 9. pots: En vne heure 60. fois 9. c'est à dire, 540. pots: En vn iours 24. fois 540. c'est à dire, 12960. Ie diray le reste au Traité de la capacité des Tuïaux.

§. 3. La maniere de connoistre les qualitez des Eaux.

C'EST la premiere & principale consideration que l'on doit rechercher; & en premiere instance pour les Eaux qui doiuent seruir à l'entretien de nostre vie: & encore bien qu'elle appartienne plûtost à la Medecine qu'à la Mathematique qui s'arreste sur la quantité, Ie ne desire pas l'oublier en ce lieu, afin de rendre vn Fontainier & les proprietaires des Sources suffisamment sçauans sur ce point.

Ie ne considere pas l'eau absolument, & selon sa nature: Car il est certain qu'elle a pour qualitez la froideur & l'humidité, & que celle là est la plus parfaite en cette consideration qui est la plus pure, & qui jouït de ses qualitez naturelles sans mélange de tout autre corps, & de leurs qualitez. Ie n'estime pas que dans toute la nature il s'en trouue vne qui soit telle, & sans aucun mélange: Pource que l'Air & l'Eau sont deux Elemens, qui sont grandement capables & susceptibles des qualitez estrangeres, pour les porter d'vne part & d'autre, & qui en sont toûjours chargez, comme estant les messagers des qualitez naturelles: Aussi s'ils estoient purs ils ne pourroient seruir d'aliment, ny aux plantes, ny aux animaux qui s'en nourrissent; & l'Eau sortant de terre n'a pas la vertu de fecondité: comme à celle de pluie, ou qui a demeuré long-temps exposée à l'air.

Ie ne considere non-plus l'Eau relatiuemēt & par rapport aux autres animaux, qui demandent vn eau plus grossiere. L'Eau freche & coulāte d'vne Source, soit d'vn Puys seroit nuisible aux Cheuaux, qui peut estre profitable aux hommes: Les Bœufs en veulent vne plus grossiere.

Ié la considere donc comme ayant rapport à l'homme, comme son brévage ordinaire, par lequel il entretient sa santé & sa vie, non comme vn extraordinaire, par lequel il guerit ses maladies: Ce que font plusieurs Fontaines medecinales & minerales; entre lesquelles les Vitriollées & les Sulfurées sont sans contredit les plus excellentes; & sur l'eau prise de la sorte.

Ie dis *tent.* Que l'Air & l'Eau sont les deux principes de santé, quand ils viennent à nous chargez des qualitez conuenables: de la maladie, quand ils en ont de contraires. Hypocrate fait vn grand denombrement des maladies qui viennent des eaux malignes.

Le Cardinal d'Armagnac ayant rencontré en vne sienne visite, vne Maison là où les Peres & les Enfans passoient auec vigueur les 100. ans de vie, y fit venir des Medecins celebres, pour en apprendre d'eux la cause, lesquels rapporterent cét effet de l'ongue vie à la bonté de l'Air qu'ils respiroient, & de l'Eau d'vne Fontaine qu'ils beuuoient. Certes vn tel lieu deuroit estre bien prisé, où il vaut mieux demeurer sain dans vn petit logis, que malade dans vn Palais; Tels ont en leur Air & Eau des thresors de vie, qui se procurent plusieurs maladies beuuant du vin: Parce que nous viuons dans l'air qui rēplissant nos Poulmons, penetrans nos pores va jusques dans nostre cœur & laisse par tout ses qualitez. C'est l'Eau qui est la 1e. nourriture des plantes, des arbres, & des animaux, & de tout ce qui est solide, comme sont les coquilles, les métaux, les pierres, les arbres, *&c.* formez de parties liquides qui se sont endurcies & renduës solides, cōme on voit en l'Eau qui se petrifie, ou qui se durcit; *Item*, dans le fromage fait de lait, *&c.* Que si les hommes se dispensent de cette boisson, ils n'en viuent pas plus sainement. Il n'y a pas la 100e. partie de la Terre qui produise du

Vin, puisque les deux Zones froides ny la Torride ne le porte & produit pas, ny vne tres-grande partie des temperées; & de plus les hommes ont vescu en tres-bonne santé les 600. 700 & 900 ans, l'espace de 1660. ans sans auoir aucun vsage du Vin; Et si Noë en a esté le premier inuenteur, il a esté le premier qui en a ressenti la malignité, qui ayant échappé vn Deluge vniuersel, en a trouué vn qui va perdant le monde de santé & de sainteté, & où luy mesme a fait naufrage.

Ie dis 2ent. Qu'afin que l'Air & l'Eau soient principes de nos santez, Dieu leur a donné peu d'actiuité: mais vne grande & ample capacité de receuoir des autres leurs qualitez, en estre les vehicules, & se mesler auec eux, & pour moyenner ce mélange, Dieu y a adjousté vne grande facilité à se mouuoir, vne subtilité à s'insinuer par tout, à remplir les pores & les moindres vuides: C'est par ces principes que l'Air nous apporte les qualitez receuës à 100. lieuës de là, & que l'Eau sort de terre chargées de vertus minerales sousterraines distãtes de la Source.

Ie dis 3ent. Que pour mieux conceuoir cela dans l'Air, faut sçauoir que les fleurs, les fruis, les arbres, les plantes, font sortir d'eux de toutes parts des fumées, dont l'Air est rempli, & c'est en telle abondance, qu'vn Medecin en vn Liure exprés prouue que nous transpirons plus en chaque iour de fumées que nous ne jettons d'excremens, de sueurs & d'vrine tout ensemble: Ce qui fait que les chiens distinguent en l'Air par l'odorat, la diuersité des animaux qui ont passé comme nous par la veuë, que les Corbeaux sentent les cadavres de plus de 100 lieuës loin. Tout le Globe Terrestre jette des fumées auec autant de difference qu'il y en a dans ses parties, & auec autant plus d'abondance qu'il contient plus de grosseur: Ce qui rend grandement l'Air meslé, & fait que les vens viennent à nous auec grandes diuersitez de vertus selon les diuers endrois, d'où ils soufflent. Varron Liure 1. ch. 4. de la Maison Rustique, asseure que Varron son parent fit cesser la Peste & les maladies de l'Isle de Corcyre, changeant seulement les fenestres des bastimens. Car bouchant les endrois qui regardoient les costez d'où venoient les vens mal sains, fit ouurir ceux d'Aquilon, d'où venoit vn Air fauorable: Il adjouste comme Hypocrate deliura de la Peste plusieurs villes, corrigeãt par des feux publics la malignité de l'Air. Van Helmon au Traité de *Tumultu Pestis*, dit auoir vne Maison au champ qui auoit au Midy vne grande Forest de Chénes, par où les vens passans contractoient la vertu de faire jaunir le linge laué, & que des autres endrois des vens le rendoient tresblanc. Il asseure que le Scurbut viẽt de là és pays dè tres-amples forests. Que si vne Forest imprime en l'Air vne telle quantité de fumée, si vn Cadavre luy en dõne jusques à 100. lieuës; Si chaque animal en laisse la siéne par où il est distingué, quel doit estre le mélange de l'Air; & ensuite de ce mélange la varieté: C'est de là que nous voyős en bas des demeures trop terrestres & mal saines: vn petit plus haut tres-salubres, & plus haut trop subtiles. D'où vient que celuy qui à le chois, & prend le pire, est bien blasmable. Les Iardins ont des feconditez particulieres, & des bontez dans leurs fruis, selon qu'ils sont plus à découuert, exposez à diuers vents.

Ie dis 4ent. Que l'Eau reçoit en soy autant & plus de mélanges & de varietez, & de plus sensibles que l'Air: Comme aussi l'Eau selon tous entre comme partie dans la composition des Mixtes; ce que plusieurs nient à l'Air, qui ne le font seruir, qu'à remplir les pores des Mixtes, & y appliquer ses vertus.

Il y a des Eaux qui sont propres à tremper l'Acier, comme celles de Moulins: D'autres qui blanchissent le linge, comme celle de Laval: D'autres qui font le pain meilleur, comme celles de Gonesse: D'autres qui seruent à la teinture de l'Escarlate, tel qu'est le ruisseau des Gobelins à Paris: D'autres rendent le papier blanc, comme sont celles de Tiers. Il y en a de chaudes, la seule Auvergne en fournit à Busy, à Simeïon, à Vis le Vicomte, à Mont-d'or, à Caudes-Aigues, &c. Il y en a encore à Bourbon Lancy & à Bourbon l'Archambeau: La Fontaine de Pont-Gibeau fume l'Hyver, & glace l'Esté; Enfin les Sources ont esté de telle consideration par les hommes, qu'elles les ont determinez à bastir leurs Maisons, Villages, & Bourgs proches des Fontaines; D'où vient le nom de *Pagus*, qui signifie Fontaine en Grec, & Bourgade en Latin: Ce qu'estant;

Ie dis en 5e. lieu, qu'on ne peut estre assez soigneux de rechercher les qualitez conuenables en ces deux Elemens; & les Magistrats sont tres loüables qui procurent de bonnes Eaux, & en quantité à leur Communauté. Et sur ce point, ayez égard aux remarques suiuantes. 1 l'Eau pour estre bonne ne doit pas estre ny trop pure, ny trop mélée: Elle ne doit estre pure, pource que le corps humain est temperé, qui partant doit estre nourri de viãdes qui ont vn tpeẽrament approchant du sien, pour estre plus facilement changé en la nature du corps. Et les extremitez luy sont du poison, telle que seroit la chaleur de la flamme, la froideur de l'Eau, la subtilité de l'Air, tel qu'il est au haut des hautes Montagnes: La composition de tout cela luy est bonne, où vn excés est corrigé par le contraire. Elle ne doit non-plus estre meslée de vertus medicinales; pource que telle Eau n'est bonne que pour remettre vn temperament dereglé. 2. Quoy qu'elle ne doiue pas estre pure, elle en doit estre tellement approchante, qu'elle soit sans coleur, sauveur opacité, & odeur: Pource que ces objets sensibles monstrent vn trop grand meſlange en l'Eau, de ſel, de ſouffre ou huile, de teinture, & parties Heterogenées qui ſont les principes de ces objets. Et de plus l'Eau ſans iceux eſt plus ſuſceptible des qualitez eſtrangeres, & ne les corromp ny altere pas comme feroit l'Eau déja trop meſlée.

La 3e. remarque contient les comparaiſons des Eaux diuerſes. 1. Tãt plus l'Eau eſt legere, tant meilleure elle eſt; pource qu'elle a moins de terreſtreitez, qui cauſent des duretez, des obſtructions, & noſtre corps eſtant tranſpirable ſe fait aiſément quitte de ce qui ſe peut aiſément changer en fumée. 2. l'Eau tiede eſt plus ſaine que la froide: En la Chine, où par le moyen d'vn tribut commun à tous, on compte 250. millions de perſonnes, & és Royaumes voiſins, quoy que ſituez dans la Zone Toride, & parmi les extrémes chaleurs, on ne boit que de l'eau échauffée, & on y vit auec tant de ſanté qu'on ne ſçait que c'eſt que de Grauelle, Pierre, Goutte, Peſte, & mort ſubite; ils ne boiuent pas du vin, car il y manque. 3. l'Eau raſſiſe eſt meilleure que l'eau priſe dans ſon mouuement. Les Egyptiens obſeruent cela exactement pour l'Eau du Nil, qui dõneroit la fiévre, & ſeroit trouble: Ceux de la Ville de G.d en font autãt de la leur; On fait repoſer l'Eau du Tibre plusieurs iours, de la Seine vne nuit: Pource que l'Eau priſe ſoudainement eſt comme le vin troublé & meſlé de ſa lie; Elle eſt en ſon mouuement pleine de corps impalpables de meſme que l'on apperçoit en l'Air, qui eſt éclairé d'vn rayon ſolaire, le reſte eſtant en obſcuritez. 4. l'Eau qui eſt hors des Villes grandes & peuplées, eſt meilleure que celle qui ſe prend dans les meſmes: Pource qu'il eſt bien difficile que les Eaux qui ont leur Source dans telles Villes, n'ayent quelque communication auec tant d'eaux ſales que l'on jette en terre. 5. l'Eau en la Source, & entrante dans les Tuïaux, eſt meilleure que ſortante des meſmes, pource qu'elle ny peut deuenir meilleure, ſi bien pire: Tant plus les Tuïaux ſont vieux, tant plus ont-ils de bouës & des terreſtreitez amaſſées, qui communiquent quelques qualitez à l'Eau, tant plus ils ſont longs, & tant moins ils ont de pente, tant pis; pource que l'Eau y allant doucement à plus de moyen d'y dépoſer ſes parties terreſtres. 6. l'Eau en vn temps de longue ſechereſſe eſt pire qu'en vn temps de pluies, alternatiues auec des ſerenitez, pource que c'eſt l'Eau la plus baſſe & plus proche du fond, qui retient les eaux, c'eſt à dire, de la terre argilleuſe, & partant la plus terreſtre & comme la lie de l'Eau; D'où viennent tant de maladies, tant de flux de ſang, & autres en ces temps là. 7. l'Eau des pluies qui ſe conſeruent long temps, eſt bonne. 8. Les Eaux des pluies Equinoctiales du Printemps ont des bontez particulieres, & ſe conſeruent les années entieres. Ceux qui Nauigent les preferent à toutes les autres, comme auſſi les Boulangers pour faire du pain, les blanchiſſeurs

pour

pour blanchir le linge, & le mieux conseruer. 9. Mais on dispute particulierement de trois sortes d'Eau, à laquelle des trois il faut donner le pris, sçauoir, 1. Des Sources & Fontaines. 2. Des Riuieres. 3. Des Eaux de Cysternes, desquelles j'ay traité au Ch. 3. §. 2. Et sur ce,

Ie dis 6e. Que l'on connoit les qualitez des Eaux, 1. Par les sens, & en elles mesmes. 2. Par les effets qui paroissent en diuerses experiences, & 3. Par leurs causes, & par leurs parties qui les composent, & que l'on separe par l'Art Chimique.

1. Les sens jugent de leurs objets propres: sçauoir est, de l'odeur, saueur, coleur, chaleur, *&c.* ou de leur nullité, surquoy la raison discourt. Il y en a qui goustent & distinguent les Eaux comme plusieurs font le vin. Pour l'Odeur, on fait bouïllir l'Eau dans vne boteille, & la fumée sortante, porte l'odeur & la fait sentir.

Pour les experiences, la meilleure & la plus asseurée de toutes, & la plus aisée à remarquer est de reconnoistre la disposition commune des habitans qui en boiuent: S'ils sont bien colorez, d'vne voix nette & ferme, d'vn teint frais; & sur tout s'ils sont d'vne saine & longue vie, ou bien si le contraire arriue: s'ils sont sujets à certaines maladies. Car encore bien que l'Eau ne soit pas la cause totale de ces effets, elle y contribuë beaucoup, & ce qui est commun à vn peuple doit estre attribué à des principes, communs pour la santé des hommes qui est l'effet principal & final, pour lequel on recherche les autres. Si on peut le reconnoistre immediatement dans les Eaux, il vaut mieux le faire, que mediatement; veu mesme qu'on peut se tromper dans la connoissance du milieu par où passent les eaux, des parties qui la composent, & de leur vertu relatiue aux hommes, & à la particuliere complexion d'vn chacun. De mesme qu'on ne peut connoistre mieux la bonté d'vn Air, que par la bonté des fruits qui y croissent, & par la santé des hommes qui le respirent. C'est le sentiment des Medecins apres Hypocrate qui en fait cette maxime; *A juuantibus, & nocentibus sumenda sunt auguria.* Aussi plusieurs Medecins attribuent certaines maladies des Pays aux Eaux plûtost qu'à aucune autre cause, comme les Escroüelles à plusieurs Montagnars, *&c.*

Aprés cette experience en voicy d'autres conjecturales; Faut considerer le limon mussilagineux qu'elle laisse en sa Source, & en combien de temps elle en produit en quantité; Les animaux qu'elle nourrit, les herbes qui y croissent, & les mousles.

2. Si vous faites bouïllir l'eau dãs vn chauderõ étamé, voyez l'écume, qui surnage la matiere qui va au fõd, les marques & taches qu'elle laisse aux parois du chauderon, les odeurs qui en sortent. Car l'Eau dans sa pure nature, n'ayãt riẽ de tout cela, doit estre mélée d'autres principes

pour tels effets, l'écume vient de quelque partie grasse & onctueuse qui par sa legereté surnage, & par le mouuemẽt est détachée: ce qui descend est la partie terrestre, ce qui laisse quelque marque dans le vase est vn esprit mineral, quelque sel qui de soy est corrosif & penetrant: D'où vient que si on fait boüillir de l'eau salée dans vn pot de terre non vernissé, le sel passe au trauers, & paroist sur la surface exterieure. Rochas ayant mis autant d'eau salée dans vn chaudron de cuivre que dans vn vase de terre, trouua le sel amoindri dans le premier.

3. Si on fait cuire des Legumes, comme sont, Féves, Lentilles, *&c.* on les trouuera cuits bien tost dans certaines eaux, nullement dans d'autres, ce qui monstre que les *1eres.* sont plus subtiles à penetrer la peau, & porter la chaleur humide au dedans, dissoudre la durté des Legumes & les cuire. Les *2es.* les durcissent par la chaleur, & ne les amolissent pas manque de penetration & de mélange. 4. Certains mélanges dans l'eau font paroistre des corps & des vertus cachées, comme si l'eau receuant des Noix de galles ratissées, ou des feüilles de Chénes pillées, deuient bluastre, ou si telle eau sans mélange fait leuer la paste, c'est signe qu'elle est vitriolée; l'Eau auec vinaigre paroistra sans coleur, mais si on y adjouste vn peu de Bresil ratissé, qui seul feroit rouge, l'eau deuiendra jaune. Si la Couppe rose qui feroit verd, l'eau sera bleue. Les Teinturiers sçauent comme chaque bois à de teinture. D'autres prennent vne livre de Chaux viue, la déteignent dans vn Chauderon, où il y aura boüilli douze livres d'eau, laissent le tout reposer 24. heures & ont vne eau claire, à la reserue d'vne peau qui se fait dessus, & est bonne pour dessecher les vlceres. Cette Eau fait paparoistre les mineraux qui y sont par quelque teinture, & jointe auec du Sublimé arreste & empesche la Gangrene.

Mais sur tout, c'est l'Art de Chimie qui fait profession de faire l'Anatomie des Mixtes, & partant des corps, d'en separer les parties Heterogenées, & les ayant mises à part d'en connoistre les vertus. Partant le Chimiste fera passer l'eau par toutes les épreuues de son Art pour la connoistre. Il en laissera reposer long-temps vne partie pour voir les parties de differente pesanteur & peu attachées qui changent de place. Il en mouuera l'autre partie comme on fait le Lait dans la Baratte pour voir s'il se fera par là quelque separation. Il la visitera de temps en temps, pour voir s'il y a corruption. Il l'enfermera dans vn Alambic & luy donnera toute sorte de feu, & en chacun il remarquera ce qui demeure en l'eau, ce qui s'exale en haut; Les differences des premieres, secondes, & troisiémes eaux qui s'entre-suiuent. Que si distillant l'eau à petit feu il trouue qu'elle passe toute par l'Alambic sans laisser rien au fond, & que la premiere goutte soit toute semblable à la derniere sans difference aucune, c'est vn signe d'vne eau bien Homogenée, & exempte des terrestreïtez qui vont au fond: C'est vne marque d'vne vnion & d'vn mélange des parties Heterogenées ferme, & solide. Au demeurant on trouue des Fontaines qui ont des vertus Medicinales, & neantmoins dans la distillation ne font rien voir de particulier. Telle qu'est en Bourgogne la Fontaine de Sainte Reine, tres-frequentée, & tres-salutaire: Pour monstrer que l'experience des effets que les hommes en reçoiuent est toûjours la meilleure & la plus asseurée marque que l'on en puisse donner. Les Airs & les Eaux ont vn esprit vniuersel qui se particulatise auec les particuliers & les perfectionent comme les causes vinuerselles se determinent par les particulieres, à des effets particuliers.

Ie dis 7. Que Dieu ayant donné à chaque Fontaine sa vertu particuliere, & par consequent ayant priué l'homme qui demeure en vn lieu des effets d'vne infinité d'autres Fótaines distantes, & qui ont des vertus differentes, il a donné à l'homme le moyen de connoistre le mélange par lequel telle vertu se communique, & puis le moyen de le faire par Art, & de mesme façon, & s'en seruir contre ses maladies & infirmitez: Ce qui certes respargne bien des voyages qu'il faudroit faire à des Fontaines tres-éloignées. Ie tiens de plus que l'on peut donner la douge en toute maison par le moyen d'vn Eolipile plein d'vne eau minerale, d'vne eau de vie & autre, aussi efficacement qu'on la donne dans les Eaux chaudes de Bourbon & autres. Si les Medecins par Art, font le mélange des Simples, des fleurs, & des fruis diuersement, en composent des Medecines salutaires, pourquoy n'en fera-on pas des Eaux Minerales par la distilation des Mineraux dans eux? & par consequent par la transfusion & communication de leur vertu.

Ie dis 8. Pour respondre à la question de la preference de l'vne des trois especes d'Eau; 1. Que toutes ont pour fond la méme Eau qui est ā pluie tombe dans la terre, & se fait Eau de Puys, & cette-cy sortant deuient Fontaine, & de Fontaine Riviere; ainsi toute eau est la mesme en substance, & ne differe que par quelques qualitez & mélanges. 2. Que dans chaque espece il y en y en a de bonnes & de mauuaises, à cause des diuerses rencontres. 3. Que celle de pluie est la plus legere de toutes, plus empreinte de l'esprit vniuersel, qui particulierement se trouue dans l'Air, & la plus feconde, comme on peut voir és Iardins, où vne pluie profitera dauantage que l'arrousement de toute autre eau prise en égale quantité. Et la plus part des autres doit demeurer long temps exposée à l'Air pour seruir. De plus l'eau des Puys est terrestre, qui coulant en Fontaines & Rivieres se purifie dauantage, & quand elle s'éleue en l'Air elle acquiert vn degré nouueau de pureté. D'où s'ensuit que l'Eau de Cysterne est la meilleure en son entrée : Toute la difficulté est à sçauoir, si elle empire en sa demeure. Ceux qui s'en seruent répondent que non: pource que nous les voyons d'vne bonne & saine constitution, & sans maladie commune. Et les Medecins sont de mesme sentiment. Ce n'est pas que quelquefois on ne trouue dans les Cysternes des vers : c'est pourquoy il faut auoir égard à n'y receuoir que les pluies qui viennent des endrois sains, & en des temps fauorables: Car les pluies de l'Esté sont plus mélées de fumées qui viennent des plantes, arbres & animaux de la terre, Celles de l'Hyver des fumées sousterraines, qui sont plus reserrées durant les gelée, elles sont souuent arrestées dans la basse Region de l'Air : pource qu'elle à les qualitez de la moyenne. Il faut souuent en tirer l'eau aussi bien que des Puys pour la mouuoir, & laisser l'ouuerture en haut pour luy donner communication auec l'Air.

§ 4. *La maniere de connoistre le milieu, & le chemin, par où il faut conduire l'Eau de sa Source à son rendez-vous.*

CETTE conduite de l'Eau depuis le terme de depart & la Source jusques au terme d'abbord & le lieu designé, est vn des points les plus importans de cét Art, lequel partant doit estre bien estudié & conceu deuant que de rien determiner sur iceluy. Pour y réussir, & pour choisir le chemin le plus auantageux & fauorable.

Ie dis premierement qu'il y a vne infinité de lignes, & de chemins, pour aller d'vn point & d'vn lieu à vn autre : Entre lesquels il n'y en à qu'vn droit ; Les autres soit drois, mais multipliez, soit courbes vont croissant en longueur à l'infini. Rarement les terres permettent qu'on puisse auoir la ligne droite penchante continuëment.

Ie dis secondement, Que pour choisir entre ces infinis le plus auantageux & commode, il faut premierement reconnoistre les deux extrémes qui comprennent tous les autres : c'est à dire, le plus haut de tous ceux qu'on peut pretendre en tel lieu, & puis le plus bas de tous, afin que rien du tout ne puisse échapper de nostre connoissance. Si la terre permet d'y tirer la ligne de Niveau, elle seruira tres-bien pour vn des deux extrémes, sçauoir, pour le plus haut & tout ensemble pour vn veritable principe, par lequel on examinera & determinera la descente & la bassesse de chaque endroit du milieu & du chemin que l'on marquera comme l'on peut recõnoistre en la double figure que ie presente icy, pource que la determination de la bassesse d'vn lieu dessous la

A. S. Ligne de Niveau, de la Source auec les lignes descendentes.

S. R. Ligne penchante auec interruption de quelques Montées.

Source, & de chaque endroit du milieu se doit prendre du point superieur qui est de Niveau auec la Source; & partant de la ligne du Niveau qui contient tous les points de mesme hauteur que la Source.

Ie dis *3ent.* Que tant plus que ces extrémes seront distans l'vn de l'autre, tant plus on aura de lignes & de chemins diuers à choisir entre d'eux, sur chacun desquels il faut auoir égard, & reconnoistre quatre points, sçauoir est, 1. La situation, 2 La distance ou longueur, 3. La terre qu'il faut oster & foussoyer, & 4 Le ciuil, c'est à dire, les Domaines drois & deuoirs de chacun, receus dans tel lieu sur vn tel sujet. 1. La situation est reguliere, quand il y a vne pente cõtinuelle, soit droite soit oblique & en serpentant, laquelle sans contredit est preferable à toutes les autres; & quand mesmes elle seroit interrompuë d'vne descente & d'vne montée, on peut faire passer l'Eau en cette irregularité par Tuïaux, & puis la conduire dans le reste du chemin par Canaux: Elle est irreguliere quand il y à des alternatiues de montée & de descente. Ie traiteray plus amplement des commoditez & incommoditez qui s'y rencontrent. 2 Pour la distance, Quand elle est grande, comme d'vne lieuë, & qu'on est obligé de conduire l'Eau dans des Tuïaux, ie ne conseilleray pas d'entreprendre vne telle conduite sans necessité & auantage: pource que d'vne part vn Tuïau manquant arreste tous le cours de l'Eau: d'autre part la multitude des Tuïaux est telle, qu'il est tres-difficile de faire qu'il n'en manque toûjours quelqu'vn: Outre que la violance de l'eau montante rend le mouuement plus tardif, & par la celerité amoindrie la quantité de l'Eau diminuë, comme ie prouueray cy aprés: comme aussi on ne trouuera pas de telles Fontaines pratiquées & conduites par des Tuïaux auec des montées, si on n'a vn grand auantage dans la hauteur, & dans la quantité de la Source. 3. Pour le lieu, faut voir si c'est Terre ou Rocher, ou Eau ou Marais, & combien profondément il faudra creuser. 4. Pour le droit, faut sçauoir les Loix & les Coustumes des lieux. Tout cela estant connu & bien consideré par vn Fontainier, qui connoit combien chacune de ces circonstances peut seruir ou nuire au cours des Eaux, il sera facile parmy vne grande multitude de chemins, de choisir le plus auantageux, à quoy seruira grandement l'intelligence du §. suiuant.

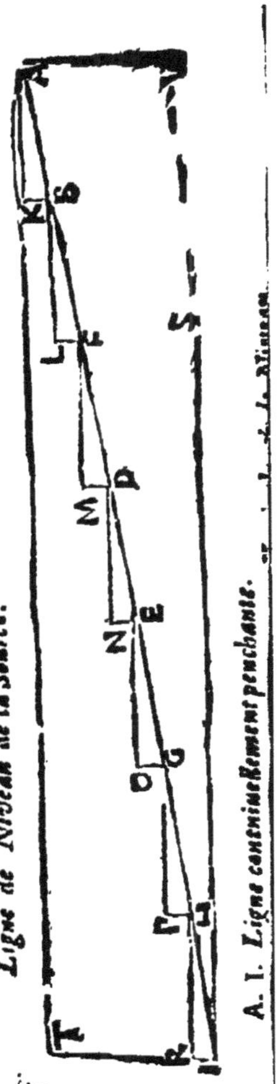

Ligne de Niveau de la Source.

A. I. *Ligne continuellement penchante.*

§ 5. *Le moyen de connoistre & déterminer les aduantages ou desauantages de chaque chemin pour choisir le plus fauorable.*

Le tout consiste à trois connoissances, sçauoir, 1 Des chemins divers que l'on peut choisir, 2. Des proprietez de chacun, & 3. des divers moyens & instrumés desquels on peut se seruir pour y conduire l'Eau: sur quoy ie dis, *sent.* Que les façons pour conduire l'Eau d'vn lieu à vn autre, se peuuent reduire à trois. La *1e.* se fait par vne ligne & vn chemin continuellement descendant, soit droit, simple, soit composé de plusieurs drois, soit courbe & oblique. La *2e.* se fait par des lignes & des chemins alternatiuement descendans & montans. La *3e.* se fait par des chemins descendans, & puis Horizontaux ou de Niveau. La *1e.* façon demande vn corps fort pour soustenir la pesanteur de l'Eau, plein pour la retenir & l'empescher de s'écouler, concaue pour la contenir & penchant pour luy donner le mouuement de descente. I. l'appelle ces instrumens soit couuerts, soit découuerts, des Canaux, tels que sont les Aqueducs, pour les Palais des Princes, pour les grandes Villes, & personnes riches, qui peuuent fournir aux frais de leur construction: Les conduis plus simples en leur façon, moindres en leur capacité, c'est à dire, de pierre, & ciment, des pierres cavées, les demy Tuïaux, les Eschenaux, & enfin les Conroys & terre cauées, comme sont les conduis des Fleuues, Riuieres, ruisseaux, Fontaines, *&c.* Et si on les couure c'est pour empescher les animaux d'y entrer, les étrangers d'en disposer, le Soleil d'y agir & échaufer l'Eau, & pour autres causes. On peut par eux arrouser les terres inferieures, arrestant en tel endroit qu'on voudra du Canal l'eau superieure, & la contraignant de descendre en telles terres. La *2e.* façon demande plus de descentes que de montées, pour preualoir à la violence de l'Eau montante: & pour continuer l'eau requiert des Tuïaux qui l'enferment de tout costé, & la contraignent de suiure la conduite des Tuïaux; & ainsi l'Eau descendente comme la plus forte, agit contre l'autre, entant qu'vne ne peut descendre & se mouuoir qu'en chassant l'autre, qui luy doit ceder la place & monter. La *3e.* façon n'a point ny la descente naturelle dans le chemin Horizontal, ny la violence de la mõtée: mais vn entre deux, & quoy qu'elle puisse estre contenuë dans des Canaux; neantmoins pour auoir l'actiõ entiere de l'eau descendẽte, elle doit estre réfermée dans des Tuïaux, où elle va d'autant plus viste, que la hauteur de la descente est plus grande, & la longueur de l'Horizontale moindre, pource que la celerité ne croist iamais ny le mouuement de plus de parties que par vne plus grande vertu. La *1e.* façon n'a rien qui l'arreste que le support qu'elle a, qui est total sur vn Canal ou Tuïau de Niveau, nul dans vn Vertical, entre-d'eux sur vn penchant, & selon que le support est plus long entre deux points de mesme hauteur, le mouuement est plus tardif. La *2e.* a le support de la *1e.* & de plus la violence de l'Eau montante & partant elle a deux chefs de retardement. En la *3e.* l'Eau a le support total & n'a aucun mouuement de soy comme en la *1e.* mais

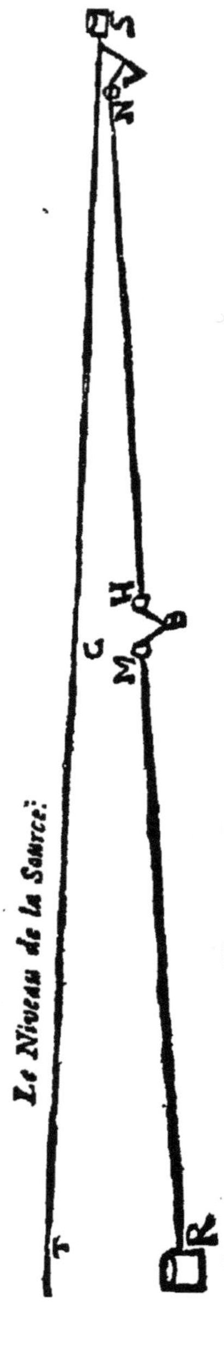

S N H G M R T

Le Niveau de la Source.

de l'eau descendéte qui la chasse. Ainsi la premie.e est tres-aduãtageuse, & dure perpetuellement, comme font les Ruisseaux, Fleuues, & Rivieres : Et si elle couste à faire, les autres à faire & à entretenir; D'où vient que si dans vn chemin penchant il y a vne descente & montée, comme en la ligne S. R. il y a S.V.N. & H.B.M. il vaut mieux faire passer l'eau en ces deux endrois par Tuïaux & le reste du chemin par Canaux pour auoir vn cours perpetuel. Il n'y a que cét inconuenient, qu'en cette façon on perd la hauteur de la Source, qui ne se prend que du lieu où l'eau cõmence à entrer dans des Tuïaux : Et partant on ne peut la pratiquer qu'és lieux où on a de la pente par excés.

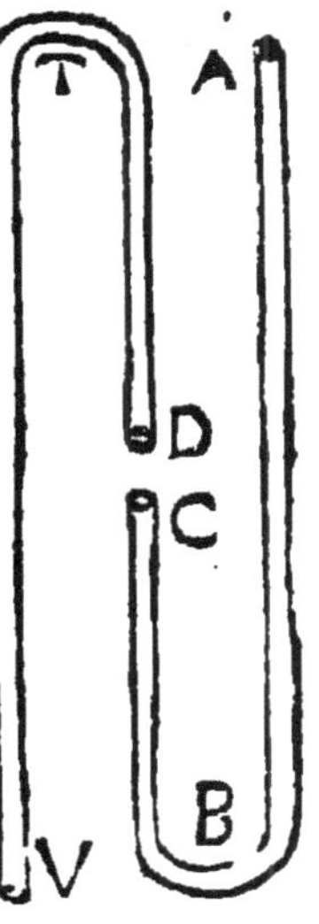

Ie dis *2ent.* Que les instrumens, qui conduisent l'Eau par la ligne & le chemin marqué, sont de deux sortes; Les vns sont appellez Canaux, qui ne doiuent que soustenir l'eau coulante, tels que ie les ay descri cy dessus : Les autres sont nommez Tuïaux qui doiuent & la soustenir & la contenir; & qui partant souffrent la pression de l'Eau de tout costé: D'où vient que s'il y auoit la moindre ouuerture en quelque endroit que se soit, l'eau sortiroit & l'Air y entreroit au prejudice du cours de l'Eau.

Ie dis *3ent.* Que l'Eau descendente dans vne partie des Tuïaux contraint l'eau de monter dans l'autre partie en deux façons, sçauoir est, 1. par pression & 2. par attraction. La pression se fait quand l'eau qui descend par A. B. pour auoir moyen de se mouuoir, chasse deuant soy celle qui se trouue en la partie montante B. C. du Tuïau A. B. C. qui a les deux branches ouuertes en haut; On le nomme vn Scyphon éleué. L'Attraction se fait quand l'eau descendente par la partie T. V. laissant la place vuide, attire apres soy l'Eau pour luy succeder par la partie D. T. du Tuïau D. T. V. qui a ses deux branches ouuertes en bas, & est nommé vn Scyphon renuersé. Sur ces deux sortes de Scyphons, faut remarquer; 1 Que tant plus qu'il y a d'excés de hauteur au premier, tant plus la pressiõ est forte, & le mouuemẽt plus viste. Tant plus qu'il y a d'excés de bassesse au second, tant plus l'attraction est puissante, & se fait auec plus de vitesse, & en plus grande quantité, comme au Scyphon éleué A. B P. si vn seul trou est ouuert, les autres d'égale capacité estant bien bouchez, tant plus les trous ouuerts seront bas, comme en C. tant plus l'Eau coulera vitement, & en suite en plus grande quantité: Tant plus ils seront haut cõme en O. P. tant plus l'Eau sortira tardiuement, & en moindre quantité. Et quoy que le Tuïau montant C. P. soit plein les petis Horizontaux, où sont les trous ne le seront pas; Pource qu'il y a toûjours la mesme pression de l'Eau A. B. contre vne resistance & contre-pression, qui est changeante & d'autant moindre, que le trou est inferieur : Et si l'Eau venoit à la hauteur de A. tien

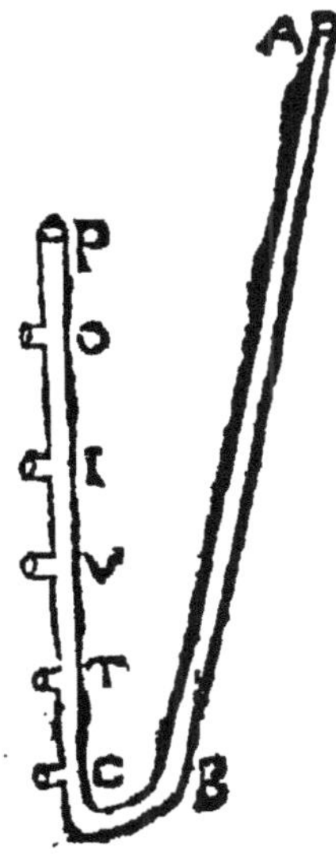

ne couleroit, & les pressions seroient égales & mutuelles. La 2e. remarque est, Que des deux façons expliquées la Pressiõ est plus auantageuse que l'Attractiõ, pour ce que l'vne chasse l'Air aussi biẽ que l'Eau, l'autre l'attire: Et s'il y a quelques fentes, ou pores trauersans, elle le fait entrer, où il nuit beaucoup au cours de l'Eau. C'est pourquoy il faut bien prendre garde de ne laisser aucune ouuerture és Tuïaux.

Ie dis *4ent.* pour la premiere façon, Que tant plus le Chemin est long entre les deux termes, par dessus la Perpendiculaire qui mesure la hauteur, tant plus la mouuement y est tardif: Pource que cõme la pente & la longueur de la Perpendiculaire est distribuée à dauantage de parties, aussi est la vitesse du mouuemẽt qui ne croist de soy en toute lõgueur qu'autãt que l'autre en la siẽne de beaucoup moindre. Outre que le soustien ou suppore de l'Eau croist selon que croist la longueur d'vne ligne cõtinuellemẽt penchãte entre deux hauteurs communes, & le mouuement décroist d'autant, à cause que le support empesche le mouuement en tout ou en partie, selon qu'il est Horizontal ou penchant; Et il est plus ou moins penchant, selon qu'il est plus ou moins court. On se sert de cette industrie pour retarder le mouuement d'vne Riuiere trop rapide, & la rendre Nauigable. On peut démonstrer cecy dans l'Equilibre qui se fait entre deux corps solides, cõme sont deux Globes attachez à vn filet, & soustenus sur deux lignes concourantes en haut de mesme hauteur, mais de diuerse pente & longueur, dont l'vn doit estre d'autant plus gros & pesant, que la ligne qui le soustient est plus lõgue, soit entre deux corps liquides, comme en l'eau contenuë en deux Tuïaux de mesme capacité & hauteur, mais de differente pente & longueur: ainsi qu'on peut remarquer

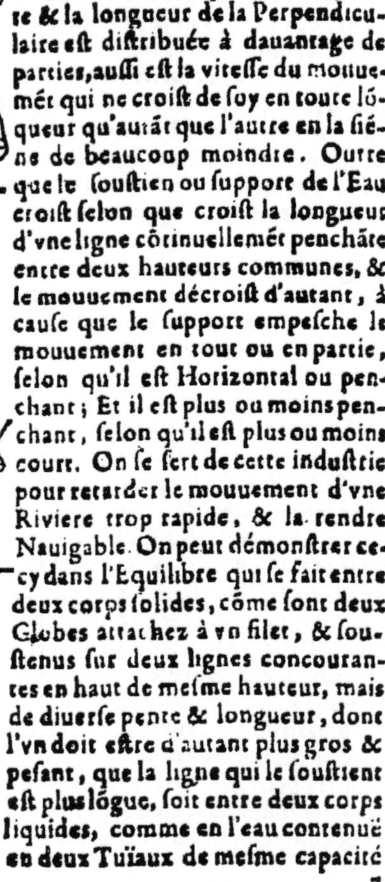

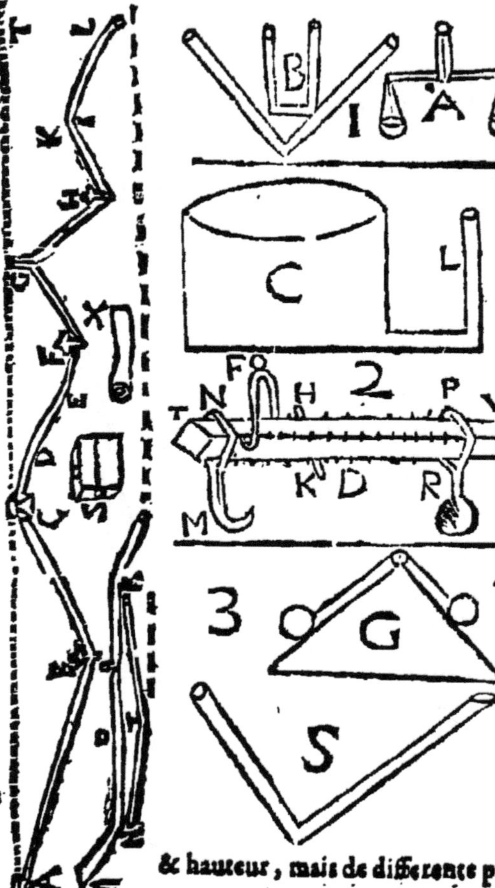

Figure alternatiuement Descendente & Montante.

remarquer és deux figures G. & S. du troisiéme rang de la figure totale, qui a esté faite pour monstrer les façons, & les instrumens, qui font les équilibres des liqueurs, ou des corps fluides correspondans à ceux des corps solides. Au 1er. rang tout ce qui peut contribuer à l'action & resistãce mutuelle entre deux pesanteurs jointes de sorte, que l'vne ne peut descendre sans faire monter l'autre est égal: sçauoir, en A les bras de la Balance qui sont d'égale lõgueur, pesanteur, & situation: En B les Tuïaux sont aussi d'égale capacité, pente, lõgueur, situation, & hauteur D'où s'ensuit que les poids pour estre équilibres doiuent estre parfaitement de mesme pesanteur. Au 2on. rang les poids dans les bras de la Balance qu'on nomme Romaine sont inégaux & les longueurs en V. N. comme les capacitez des Tuïaux, C. L. pource que ces inégalitez sont causes des diuerses celeritez relatiues entre deux pesanteurs, qui disputent entre elles le mouvemẽt de descente. Car selõ que le mouvement de l'vne est plus viste, que celuy de l'autre en vertu de sa position en tel endroit, c'est à dire, en telle distance du centre pour les corps solides, en telle capacité & hauteur du Tuïau, pour les liqueurs les pesanteurs doiuent estre differentes, & c'est en mesme proportion: mais renuersée pour faire l'équilibre; Comme icy la liqueur mise en C. L. 100 fois plus grande est équilibre à celle de L. 100 fois moindre pource que la celerité de L. est autant, c'est à dire, 100 fois plus grande que celle de C Il en est de mesme d'vn poids mis en M dans la Romaine, à l'égard du poids R. bien plus éloigné du centre, & par consequent plus viste; l'Excés & le plus de la pesanteur en C. & M. sur L. & R est recompensé par le manquement & le moins de celerité des mesmes C. & M dessus L & R Au troisiéme rang les causes des supports sont inégales: comme au 2on. les causes des celeritez relatiues, lesquelles demandent l'inégalité des poids pour faire l'équilibre, conforme à l'inegalité des supports pour mettre autant de resistence d'vn costé qu'il y a d'actiuité en l'autre, c'est a dire, égalité de vertu descendente en tous deux, d'où s'ensuit leur repos.

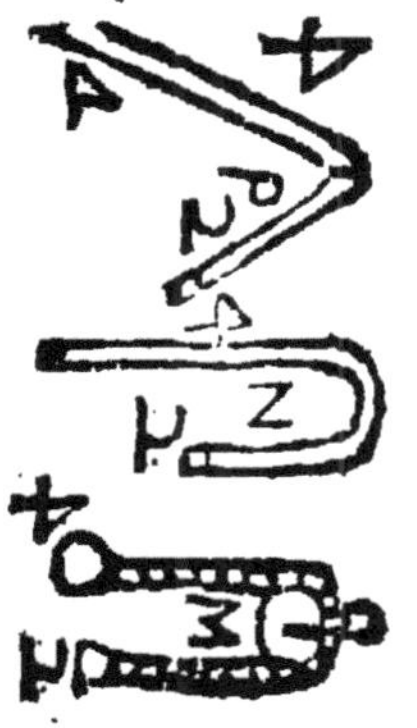

Ce qui est admirable en ce point est, que dans les liqueurs Homogenées, ces deux causes de l'équilibre ne se rencontrent iamais, que lors qu'elles sont dans des Tuïaux de mesme niueau & hauteur, quoy qu'ils soient de differente longueur, pente & capacité, & ne manquent jamais de s'y trouuer, quãd cela arriue. Remarquez que les polies appartiennent à la 1ere. comparaison, & sont des Balances mobiles, où les cordes sont également éloignées du centre: & partant ne sont considerables en leurs longueurs differente: si bien pour leur pesanteur comme sont les deux Bassinets des Balances; à cause que telles ne changent point la celerité. Et puis que le cours des Fleuues appartient à la

1ere. façon, ie suis bien aise d'y verifier les trois causes qui donnent à vn mesme poids des celeritez differentes:

Ie dis 5ément. Qu'on reconnoistra les trois principes, & causes de celerité d'vne mesme pesanteur dans les Fleuues & Riuieres: sçauoir, la pente, l'acceleration du mouuement, & la pression. 1. La pente est vne cause bien sensible dans plusieurs Ruisseaux & Riuieres, comme dans le Tigre, le Rosne, &c. On peut la faire voir à l'œil dans vn mesme Tuïau, auquel successiuement on donnera diuerses pentes, en chacune desquelles on fera couler de l'eau en temps égal, par le moyen d'vn Funependule descrit au §. 2. du Ch. 4. 2 La continuation du mouuement naturel donne vne augmentation cõtinuelle de celerité, qu'on nomme Acceleration, qui a esté découuerte en ce siecle. On la monstre à la cheute des pierres. 3. La Pression plus grande qui se fait par l'abondance & accroissement des eaux en hauteur, accroist aussi le mouuement: D'où vient que l'Hyuer & és temps de grandes & longues pluies les Riuieres coulent si vistement qu'vn Bastelier fera plus de chemin en vn iour qu'en 4. dans vn autre temps; à cause que tant plus l'eau est éleuée, tant plus il y a de parties superieures pressantes qui font le mouuement des inferieures plus viste. Car la pression de l'eau superieure s'étend & se communique par tout, où l'eau inferieure se trouue continuée auec la superieure.

La Diuine Prouidence pour donner aux Riuieres vne descente moderée & les rendre nauigables, leur donne ordinairement fort peu de pente par le moyen des longs détours, cõme on peut voir en la Seine, entre S. Denys & Paris, & particulierement és embouscheures où l'acceleration seroit grande. Et pour les Riuieres qui viennent de haut elle leur fait faire des cheutes par où elles perdent beaucoup de pente tout à la fois; pour par apres auoir vn mouuement plus moderé, comme il arriue au Fleuue de St. Laurent, & en tant d'autres.

Ie dis, 6ment pour la 2. façon, que tant plus il y a de montée, tant en nombre qu'en hauteur tant plus le mouuement est retardé: Pource que l'eau montante non seulement ne contribuë rien à son mouuement: mais elle y resiste, & par sa resistence diminuë autant du mouuemét de l'autre eau qui la pousse, & ne peut se mouuoir ny faire mouuoir l'autre, que par l'excés de pesanteur & de la vertu motiue qu'elle a sur l'autre. Ce n'est pas à dire qu'il faille quitter l'ouurage pour vne grande ou plusieurs petites montées quand la source est de beaucoup plus haute, & qu'elle est abondante.

Ie dis 7ment Qu'il y a cette difference entre les canaux & les Tuïaux qu'en ceux la l'eau de la source roule toute entiere; Et si croissant elle surpasse leur capacité elle s'epanche par dessus, & déborde sur les campagnes voisines : là où dans les Tuïaux la capacité dans tout le milieu est bornée & determinée à telle quantité. D'où s'ensuit que si la source en a dauantage qu'il n'en peut passer par les Tuïaux dans vn mouuement de certaine vitesse, ou tardiueté, tel que requiert la situation des Tuïaux, l'eau de la source ny pouuant entrer toute, est contrainte de se décharger par autre part. Partant pour ne la perdre faut sçauoir qu'il faut donner aux Tuïaux d'autant plus de capacité, que l'eau y doit aller lentement: d'autant moins qu'elle y doit aller vitement en vertu de ces principes: ce que l'on peut voir au double Tuïau, C. L. du 2on. rang de la figure precedente, & quand on veut auoir vn jet d'eau on fait passer l'eau par vn petit trou, laquelle vient, mais plus tardiuement par des capacitez plus amples : pource que c'est la mesme resistance que vn mouuement viste d'vn peu d'eau; & vn mouuement tardif de beaucoup d'eau. D'icy s'ensuit que l'eau d'vne source enfermée dans des Tuïaux continuellement descendans y coule toute entiere: pource qu'elle va croissant en vitesse, & partant elle peut estre contenuë en moins d'espace.

DES TVYAVX EN GENERAL.

Chapitre V.

J'Ose bien promettre à celuy, qui concevra bien le contenu des Chapitres precedens qu'on ne luy presentera aucun lieu, sur lequel les lisant & appliquant il ne rencontre & declare les moyens possibles d'y faire venir l'Eau auec les avantages & desavantages d'un chacun : Surquoy le proprietaire du lieu pourra conclurre s'il faut en entreprendre quelqu'un, & lequel il faudra choisir : Reste à declarer les pratiques pour executer ce qu'ō aura resolu, afin que l'on voye le succés correspōdre à l'artēte quel'on en à: ce que j'espere faire auec toute exactitude dans les Chapi-

tres suiuans. Vous pouuez adjouster à la qualité des Eaux vne remarque que ie viens d'apprendre : Que l'Eau que l'on porte des costez de Bretagne aux Isles du Sein-Mexic, comme de S. Malo à la Martinique se gaste : Là où l'Eau que l'on porte de là icy, se conserue & est tres bonne, comme aussi la pluie y est tres perçante.

§. 1. *De la Nature & diuision des Tuïaux.*

I'AY déja dis cy-dessus, qu'il y a deux diuerses façons de conduire l'Eau d'vn terme à l'autre. La premiere se contente de donner vne pente constante & continuelle à l'Eau, la soustenant fortement en bas sans la retenir en haut : l'appelle ces conduis des Canaux. La seconde enferme l'Eau de toute part dans vne cōcauité enuironnée d'vn corps fort, plein, & solide, & la contraint de suiure sa conduite descendant, montant, tournant & retournant auec, & comme fait vn tel corps: On nomme ces conduits des Tuïaux.

De rechef on fait de deux sortes de Canaux & de Tuïaux, les vns sont dits naturels: sont ceux qui se trouuent faits dans le Globe Terrestre par où l'eau passe soit sur terre, soit dessous qui sont en effet ouurages de l'Art Diuin. Les autres sont artificiels, que les hommes font; & ce sont de ceux-cy desquels ie traite presentement.

II. Ces Tuïaux seront tres-parfaits, quand ils auront la plenitude des parties sans aucun vuide pour empescher toute entrée de l'air exterieur, & toute sortie à l'eau interieure. 2. La solidité & fermeté des mesmes parties & de leur vnion, pour resister à tous les efforts, qui viennent, soit de la pression de l'eau, soit de la rarefaction des vens enfermez, soit de la charge des terres superieures, soit des vrts & des rencontres de diuers corps, comme sont le passage des charretes, la cheute de quelque gros poids, & 3. la perpetuité cōtre les corruptions. Les verres ont bien la 1e. & la 3e. condition; mais non la 2e. estant trop cassans & fragiles, l'Or, l'Argent, le Cuivre, l'Estain les ont toutes trois, mais ils sont trop précieux, & seroient sujets à estre dérobez. Les pierres percées ou cauées les auroient encore : mais auec trop de peine & de coust. Ceux de terre cuite ont la fragilite & quelques vns des pores; s'ils ne sont comme vitrefiées en leur cuisson. Les Tuïaux de bois ont la corruptibilité D'où il faut conclurre qu'il est assez difficile de rencontrer vne matiere assē commune, & de bas pris, qui ayt ces trois conditions. C'est à l'Art de les leur donner, ou d'en approcher le plus pres qu'on pourra.

III. On doit considerer és Tuïaux la matiere, la forme, leur capacité; leur jonction, la ligne qu'ils font & la situation d'icelle, la surcharge superieure, qui les presse, le support inferieur qui les soustient, & mesmes les costez qui peuuent les presser.

§. 2. Trois sortes de matieres pour faire des Tuïaux.

ON en fait communement de trois sortes, eu égard à la matiere sçauoir est, 1 D'vne matiere metallique; La plus ordinaire & commune est de Plomp. On en fait encore de vieux chauderõs de Cuivre, qui sont tres-bons 2. on en fait du bois des arbres de Chéne, Aulnes, Chastegniers, Sapins, &c 3. De terre cuite particulieremẽt de celle, dõt on faitdes pots propres à tenir le beurre salé, sans que le sel les penetre, & passe au trauers, ou de Ciment fait à frais & auec diuerses compositions. Tous trois sont absolument parlant bons: Tous ont leur commodité jointe auec quelque incommodité. L'industrie du Fontenier est de leur oster ou du moins amoindrir tant que faire se pourra leur incommodité & augmenter leur commodité. On peut donc les employer tous auec succés: mais souuent on est obligé de se seruir d'vne seule sorte. Ceux par exemple, qui n'õt ny plomp ny bois, ou que trop cher, n'ont point à deliberer sur ce point: Puis qu'il ne leur reste à mettre en vsage que ceux de terre.

Pour le lieu, les Tuïaux de Plomp s'appliquent vers le Bassin, & és endroits où il y a des plis, des curuitez, des angles, & autres irregularitez, desquelles le plomp est capable. Ceux de terre sont propres a estre mis proche les sources; pource que la pression de l'eau ny est pas assez grande pour les pouuoir rompre; De plus l'air qui y entre, & les remplit souuent & l'alternatiue de chaleur & de froideur ne leur apporte aucun dommage comme il arriueroit au bois. Ceux de bois sont necessaires aux lieux inferieurs où la pression de l'eau est trop grande, & la replation est continuelle: Car ils resistent à la re. & sont conseruez par la re Outre que d'ordinaire les lieux bas sont humides, & partant propres à conseruer le bois. Et pour ce sujet & pour leur force ils sont bõs aux lieux marescageux, qui d'ordinaire manquent d'vn fond stable. Les Tuïaux de plomp & de bois se mettent sur la terre sans autre addition: Ceux de terre demandent dessous vn fond immobile, à costé des murettes & dessus ces murettez vne couuerture forte & de pierres plates, ou du moins de bois pour les guarentir de la pression de la terre. Si toutefois ils estoient mis si bas que l'impression des coups, la charge des charrettes ne peut les endommager, on pourroit quitter les mutettes. Ceux de bois doiuent estre pris, percez, & enfoncez en terre auec des circonstances & preparatifs pour estre côseruez en leur entier, dont les autres n'ont pas de besoin. Ie prefererois les Tuïaux de terre és lieux où la pression de l'eau n'est grande, & où le fond est ferme: pource que l'on est plus asseuré de leur perpetuité, & qu'on peut les fortifier les reuestant d'vn Ciment fort bien fait. Ceux de bois outre ce que dessus peuuent receuoir des clefs de bois, c'est à dire, des especes de regards, pour par eux reconnoistre les manquemens du cours de l'Eau, comme j'en donneray cy-apres la figure.

§. 3. De la Capacité des Tuïaux.

Elle doit estre conforme à la quantité d'eau, que l'on pretẽd auoir d'ordinaire de la source: Et si la source en presente soit toûjours, soit quelquesfois dauantage, on fait dans la Mere Source vne décharge, c'est à dire, vne ouverture dans vne certaine hauteur, par où le surplus s'écoule. Il est expedient de faire les Tuïaux vers la source plus capables que vers la sortie: particulierement quand l'eau sort auec vitesse: pource que l'eau au commencement ne descendant pas auec tant de vitesse pour n'auoir pas tant de pression, il faut recompencer en amplitude de Tuïau ce manquement. Ce que l'on desire & que l'on doit sçauoir sur ce point est, de determiner quel doit estre le Diametre de la Concauité rõde du Tuïau, pour contenir la quãtité d'eau, que l'on determinera, & que l'on voudra auoir: Surquoy faut sçauoir, 1. Que la mesure ordinaire dont on se sert pour prendre & declarer la longueur du Diametre est vn pouce ligne, soit multiplié, soit diuisé; & d'vne telle longueur, on doit conclurre les pouces

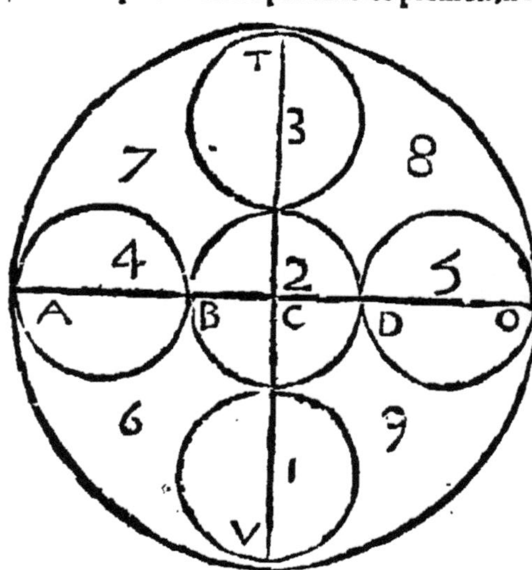

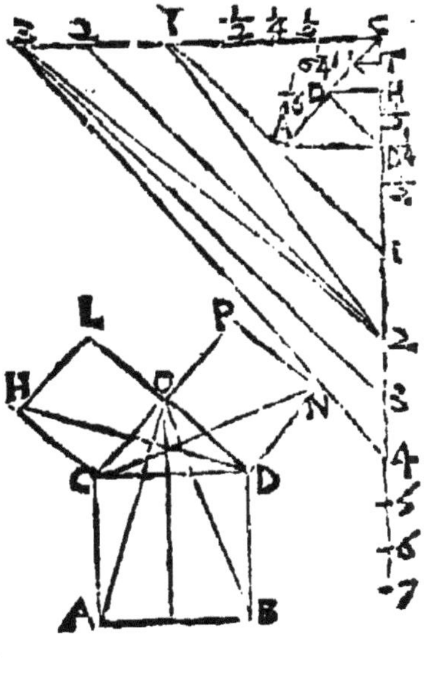

Surfaces contenus dans le Cercle cõpris sur vn tel Diametre. Comme en la Figure que ie presente icy, le Diametre T. V. estãt de trois pouces, le Cercle T. O. V. A. fait sur luy contiēdra 9. pouces circulaires, dont 5. sont tres-manifestes & marquez en la figure. Les 4. autres sont contenus és 4. espaces qui sont entre les 5. premiers, châcun desquels est égal à vn Cercle de la grandeur d'vn pouce. Partant vn Tuïau de telle concauité donnera 9. pouces d'Eau. Faut sçauoir 2. Que la ligne qui estant le costé d'vn quarré, le determine à contenir tãt de pouces quarrez, la mesme estant le Diametre d'vn Cercle le determine à contenir tant de pouces Cercles: comme en la figure presente si on fait vn quarré, qui aye la ligne T. V. pour vn costé, Il contiendra 9 pouces quarrez, autant que le Cercle T. O. V. A. contient de pouces circulaires, c'est Euclide qui démonstre cette verité au Liv. 12. Prop. 2. *Circuli inter se sunt, quemadmodum quadrata diametrorum.* Faut sçauoir 3. Que le principe total pour determiner la capacité des quarrez par leur costé, & par cõsequent des Cercles par leur Diametre est compris entierement en la Prop. 47. du Liv. 1. d'Euclide, qui asseure qu'en tout Triangle Rectãgle tel qu'est en la petite figure, C. O D le quarré C. A. B D. fait sur C. D. qui est la base de l'Angle droit C. O D. est égal aux deux quarrez fais sur les deux autres costez C. O. & O. D. du Triangle Rectangle : l'vn est C. O. L. H. l'autre O. D N. P. D'où s'ensuit qu'vn Tuïau qui aura pour Diametre C. D. donnera autant d'eau que deux autres, dont l'vn aura pour Diametre C. O. l'autre O. D. Ce qu'estant vne fois bien conceu il sera tres-aisé de declarer les longueurs des Diametres des Cercles, qui auront la capacité de tant de pouces d'eau qu'õ voudra, c'est de mesme de tout autre mesure. Et pour le determiner ie tire deux lignes, à angle droit C. 3. & C. 7. ie prend dans chacune la longueur d'vn pouce, C. I. & ie dis que la base I. I. sera le costé d'vn quarré, ou le Diametre d'vn Cercle de deux pouces, à cause qu'il sera égal aux deux, soit quarrez soit Cercles, dont chacun est d'vn pouce C 1. Et si on applique la ligne 11 sur C 7. en C. 2. La ligne I. 2. sera le Diametre d'vn Cercle de 3. pouces, & par le mesme principe 22. le sera de 4. puis mettant 12 sur C 3. la ligne 23. sera le Diametre d'vn Cercle de 5 pouces. & 33. celuy de 6. & 34. celuy de 7. & ainsi de suite. Si on veut auoir les parties d'vn pouce la ligne C A. par le mesme principe sera le Diametre d'vn demy pouce; A. B. d'vn quart de pouce, B. D. d'vne huictiéme, D. H. d'vne 16e. H. N. d'vne 32e. & N. T. 64e. Car le quarré de chaque ligne, qui fait l'Angle droit, est la moytié du quarré de la base d'vn Triangle Rectangle & Isoscele qui à les deux costez qui font l'Angle droit égaux.

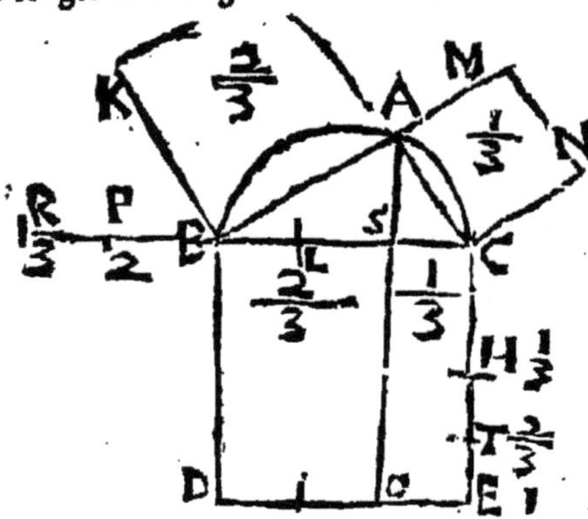

Pour auoir telle autre partie d'vn pouce que l'õ desirera, ie presente icy vne autre Figure, pour le mesme principe qui en monstre la façõ. Car pour auoir par exemple le tiers d'vn pouce B C E. D. fait sur le costé B C. Diuisez les deux costez parallelles B. C. & D. E. en trois parties égales: puis tirez vne ligne A. O. par vne de ces parties parallelles aux deux autres B D. & C. E. laquelle diuisera le quarré d'vn pouce en deux parties & Rectangles dont l'vne S. O E C. contiendra vn tiers seulement: l'autre S. O. D. B. les deux autres tiers, comme ils y sont marquez. Faites vn demy Cercle C. A. B sur le costé B. C. & où il coupera O. A. en A. tirez les deux lignes A. C. & A. B qui acheueront vn Triangle Rectangle A. B. C. par la 31e. Prop. du liv. 3. Ce qu'étant le quarré A. M. N. C. fait sur le costé A. C. sera égal au Rectangle, C. E O. S. par la demonstration du principe mis cy-dessus: & par consequent le tiers d'vn pouce. Et si on marque sur le costé C. E. la longueur C H. égale à A. C: le quarré de la ligne B H. contiendra vn pouce & vn tiers: celuy de la ligne P. H. deux pouces & vn tiers: à cause que C. P. est égal au Diametre B. E. qui fait vn quarré de deux pouces: celuy de la ligne R. H. trois pouces & vn tiers; à cause que R. C. est la base du Triangle Rectangle P. C. E. Ainsi de suite. Si on prend C. T. égal à B. A. au lieu de C. H. on aura deux tiers, au lieu d'vn. C'est sur ce principe vnique que l'on doit tirer & les Regles & les Instrumens pour mesurer la grosseur & solidité des corps: la capacité & concauité des Tuïaux, des Tonneaux, & de tous les Vases soit ronds,

soit

quarrez, sans changer rien, que les mesures, prenant des pieds par exemple au lieu des pouces.

§. 4. De la Situation des Tuyaux.

I. I'En ay déja traité suffisamment és deux derniers Paragraphes du Chap. 4e. mais d'autant que c'est vn point grandement important j'y adjousteray ce qui suit ; soit pour mieux comprendre ce qui a esté déja dit ; soit pour suppléer à ce qui pourroit manquer.

II. C'est le milieu, sur lequel il faut se regler & s'accommoder, partant il le faut considerer tel que la nature le presente : & puis voir ce que l'art y doit adjouster. Et comme chaque milieu a ses diuersitez, le chemin que l'on y fera pour y placer les Tuïaux, aura aussi ses differences : Si la nature le presente trop long, plus haut en quelque endroit que n'est la source, trop frequent en montées, trop difficils à creuser, à esplanader des éminences, à remplir des concacauitez, ou y faire des ponts : Si autres semblables obstacles & difficultez se rencontrent, ie ne juge pas expedient d'y entreprendre aucun ouvrage ; le profit doit toûjours préualoir auy trauaux & aux frais necessaires, soit pour le faire, soit pour l'entretenir : Comme aussi on doit s'y porter quand la nature presente vne pente reguliere, d'vne source abondante dans vn milieu qu'on peut aisément fossoyer, & qui n'est pas trop long.

III. *Les avantages des Tuïaux alternatiuement descendans, & montans, sont les trois suiuans ;* Le 1er. que par cette situation on a vn moyen efficace d'oster les deux choses qui empeschent d'ordinaire le cours de l'Eau : sçauoir est, les immondices terrestres, qui par leur pesanteur tendent en bas, & sont aidées à s'y rendre par la pente du Tuïau, & par la descente de l'eau, particulierement quand le mouuement est viste, qui entraine tout cela en bas, où ces corps trouuent vn receptacle, & vne décharge B. pour y descendre, où estans ils y demeurent jusques à ce, que de temps en temps en ouvrant la décharge on les fasse sortir par le cours d'vne eau rapide. Pareillement les fumées, les vents, les airs, & autres esprits renfermez prenent le haut par leur legereté, où ils sont encore portez du costé de l'eau montante : où estant ils sont receus & comme enfermez en vn receptacle, ventouse ou souspiral mis en haut jusques à ce qu'on les oblige de sortir, ouurant ledit receptacle. Le second effet est le moyen que l'on a de faire descēdre & sortir l'eau la décharge estant ouuerte. Et c'est auec abondance, entant qu'elle peut venir des deux costez, qui se rencontrent en bas : & auec

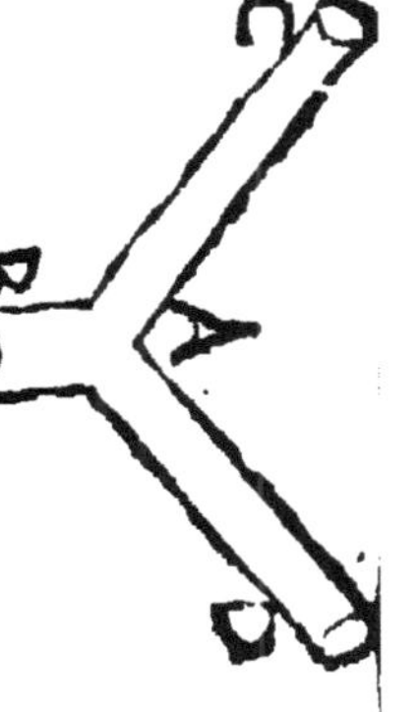

vitesse & impetuosité entant qu'elle vient par des Tuïaux penchans: ce qui entraine, chasse, & emporte les immondices retenuës en la décharge, & nettoye les Tuïaux, en la maniere que nous voyons les torrens des pluies dans les ruës penchantes les laner, & leur oster toutes leur ordure. Le 3 effet est, de faire reconnoistre & remarquer incontinent si les Tuïaux retiennent l'eau ou non, & le lieu précis, par où l'eau s'écoule & se perd, ou s'arreste. Ce qui se fait remplissant d'eau les deux Tuïaux, qui concourent en bas: car si l'eau demeure en mesme hauteur, c'est vn signe que tout va bien. Si elle baisse, elle descendra jusques à l'endroit par où elle se perd, & s'y arrestera le reste demeurāt dans les Tuïaux entiers. Partant si on met T vn corps solide plus leger que l'eau, surnagent sur elle, auquel il y aura vn filet attaché. Ce corps descendra auec l'eau jusques à vn tel endroit, & s'y arrestera. Pour lors la longueur du filet monstrera précisément vn tel endroit & & le Tuïau gasté, auquel il faudra remedier. Si vn des Tuïaux estoit boûché entierement on le reconnoistra quand l'eau ayant remply les Tuïaux compris entre la boûchure & la source n'y peut plus entrer, & est contrainte de s'espancher. On reconnoistra l'endroit, soit par la quantité de l'eau qui remplit la capacité de tant de Tuïaux: soit faisant des trous en diuers endroits: Car ceux qui ne rendront aucune eau seront au delà & apres la boûcheure: ceux par où elle réjaillira seront au deçà & deuant; soit par vn poids rond plus pesant que l'eau, & attaché à vn filet, lequel descendra jusques à la boûchure, & obstructiō, & par la longueur du filet monstrera le lieu d'icelle: Si on veut nettoyer les Tuïaux, ou si la boûcheure n'est pas entiere, & qu'à demy, il faut se seruir d'vn corps solide V qui ne soit ny plus leger, ny plus pesāt que l'eau, mais de mesme pesanteur (ce qui est aisé à trouuer:) Car tel corps suiura le cours de l'eau, & y attirera le filet qui luy est attaché, & s'arrestera à la boûchure qui n'est pas entiere, laquelle on reconnoistra, & par la longueur du filet, & par les trous mis cy-dessus.

Les desavantages des mesmes Tuïaux; Cette façon 1 augmente de beaucoup le chemin, 2. donne vne grande pression aux Tuïaux inferieurs laquelle croit auec, & comme leur bassesse. 3 Si le haut est ouvert on perd pour pente la hauteur que la source à sur vn tel lieu, & on oste à l'eau descendente la vertu attractiue de celle qui monte deuant. 4. Le principal desauantage est, que cette façon diminuë la celerité du mouuement, & par elle la quantité de l'eau de la source, qui iamais ne vient toute au lieu d'estiné: pource que celle qui monte resiste à celle qui descend & luy oste le mouuement, ou entierement si elle est égale en vertu & hauteur: ou en partie si de moindre hauteur. Ce qui fait qu'ō ne doit pas entreprendre cette façon, que quand on a de l'eau à per-

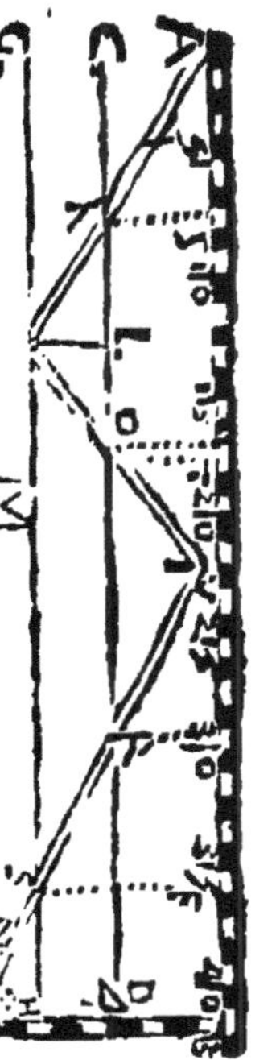

re, & vne grande hauteur de la source; Si on dit que la pression est la mesme en tous les points des Tuïaux, qui se rencontrent en vne mesme ligne de niueau : pource qu'ils ont tous sur eux vne mesme hauteur d'eau, tels que sont ceux qui sont en la ligne C.D. d'où s'ensuit vne celerité égale. Ie répõd que l'eau d'vne telle hauteur n'agit pas immediatemẽt & totalement sur tous ces points, & partant que l'eau de la source n'employe pas toute sa vertu sur l'eau contenuë en tels points : mais qu'elle y agit mediatement & partiellement: à cause qu'elle agit deuant sur celle qui doit monter où elle perd vne partie de sa force, que sur les autres points qui suiuent.

V. *Les avantages des Tuïaux continuellement descendans;* Cette façon a les avantages des autres sans les desavantages. 1. Son chemin est le plus court de tous, si ce n'est que pour éuiter des montées qui se rencontrent droit entre d'eux, on prenne vn long detour. 2. l'Eau y va croissant en celerité, & ainsi on ne perd ny la quantité de l'eau, ny la pente de la source. 3. On y peut mettre en certaines distances des décharges, des ventouses & des clefs de bois, comme aux autres, & les nettoyer mieux & plus facilement que les autres. 4. On peut y faire couler l'eau par des Canaux, aussi bien que par des Tuïaux: Et si la pente est interrompuë d'vne montée, on peut en tel lieu seulement conduire l'eau par Tuïaux: comme il a esté dit cy-dessus. La raison fondamentale est que l'eau y a son cours naturel: c'est à dire, vne descente perpetuelle, sans aucune violence: c'est à dire, sans montée: Ce qui rend telle conduite perpetuelle; comme l'on voit és Riuieres, qui coulent sans interruption, Ce que dessus estant bien conceu.

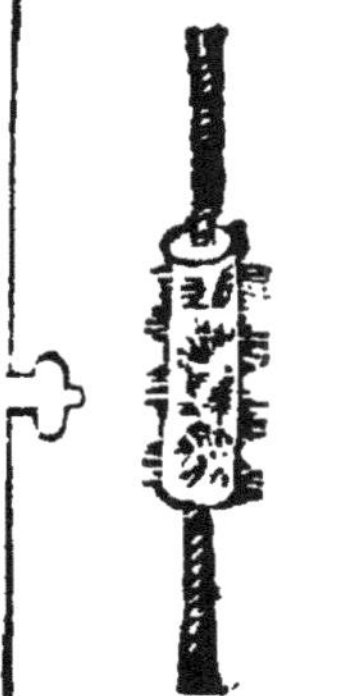

VI. Ie dis, 1 Que la conduite des Tuïaux se doit faire par lignes droites d'vn terme à l'autre immediat, pource qu'elles sont les plus courtes, & pource que les Courbes ont vn espace plus bas, où les immondices descendent, & plus haut où les fumées se retirent sans y auoir le remede, c'est à dire, des décharges en bas & des ventouses en haut. Les immondices assemblées en bas, peuuent causer des obstructions: & les esprits placez en haut arrester le cours de l'eau.

Ie dis, 2 Qu'entre les droites les penchantes sont d'vne part preferables aux Horizontales, & de Niueau pour les trois avantages mis au nombre troisiéme: Car les Horizontales reçoivent également en toutes leurs parties les terrestreites & les vens Les penchantes ont vn lieu determiné pour cela, où on les trouue, & d'où on les chasse: De plus quand vn Tuïau manque & laisse couler l'eau, on a plus de peine de trouuer le lieu du manquement és Horizontales qu'és penchantes. D'autre part on peut y mettre en diuers endroits des décharges, & des soûpiraux, comme monstre le canal mis icy, & l'eau en son mouuement n'y a point tant de violence, n'ayant aucune montée : Mais aussi n'y ayant aucun principe du mouuement, à cause du support total que la pression des eaux suiuantes, & l'attraction des antecedentes il faut les luy procurer.

Ie dis, 3. Que la position des Tuïaux dans vn lieu terrestre est plus fauorable qu'en vn lieu aqueux : pource qu'icy le fond est plus mobile, & les eaux sont plus difficiles à espuiser, soit pour y placer les Tuïaux, soit pour en remettre à la place des gastez, soit pour y reconnoistre les fautes. Il est vray que les Tuïaux de bois s'y conseruent mieux.

Ie dis, 4. Qu'on doit placer les Tuïaux sur vn fond profond, immobile, éloigné des racines tant que faire se peut ; La profondeur conserue l'eau en vn temperament, empesche l'effet & l'impression des vets, & des pressions, qui peuuent venir du passage des Charretes, des cheutes de diuers corps, & éloignant le bois des alternatiues du chaud & du froid, du sec & de l'humide le conserue mieux.

L'Immobilité empesche la rupture & diuision des Tuïaux, particulierement de terre cuite, où elle est si necessaire qu'il faut affermir le fond par des pilotis, où il y a crainte du cõtraire; l'éloignement des racines oste le moyen aux racines de s'insinuer par les petits pores dans les Tuïaux, & y engendrer de grands & de longs filamens, comme ie diray cy-apres.

DES TVYAVX EN PARTICVLIER.

CHAPITRE VI.

§ 1. Des Tuïaux de Plomb.

1 DE leurs auantages ; Ceux-cy bien battus, & bien soudez, sont tres-propres : Pource que la flexibilité de leur matiere les empesche de se rompre en des lieux où ceux de terre le font: la perpetuité de la mesme matiere les fait durer long temps : la facilité de les former, appliquer, & reparer, quand il en est question, leur donne vn auantage sur les autres. Il se trouue par tout des personnes capables de les souder, &

remettre ; ce qui n'est pas pour les autres Tuïaux. Aussi on s'en sert és endrois où les lignes ont des Angles, des cutuitez, des plis & replis, & autres irregularitez.

II. *De leur desavantage* ; On en compte trois, Le 1er. est, en leur soudure, laquelle ne joint pas les deux extremitez du Plomb selon toute son espesseur : mais seulement selon la partie exterieure, qui se fond & se mesle auec la soudure : ce qui fait que si on n'y prend garde ils se rompent par là, & y laissent couler l'eau. La 2on est, qu'ils sont sujets à estre corrodes, percez & reduis en pouciere estant dans des terres qui ont du sel, ou du salpétre. On a experimenté qu'en vn endroit où en dessalant la Moluë pres d'vn puys, on y jettoit l'eau salée, lés Tuïaux de Plomb qui s'y trouuoient s'y corrompoient bien tost : ce qu'ayant esté apperceu quelquesfois, on y remedia. De plus quelques lames de Plōb reuestans certaines pierres deuindrent telles, que les interposans entre l'œil & le Soleil, on y voyoit vne infinité de petits trous. On a trouué quantité de Cercueils reduis en pouciere, & pareillement des Tuïaux mis en certaines terres. De plus si le plomb n'est battu il a des pores, qui s'agrandissent dans vne forte pression. La 3e. est que le Plomp estant d'vne matiere de pris, & qui sert à la vie ciuile, couste bon à auoir, & est sujet à estre desrobé ; particulierement par les Soldats en temps de guerre, qui souuent ont vne impunité de mal faire, & ont besoin de plomp pour en faire des balles.

IIII. *Remedes à ces trois inconueniens* ; On remedie au 1er. manquement de l'vnion, prenant égard que la soudure soit forte : ce qu'elle aura quand elle sera vn peu espoisse & qu'elle joindra vne notable partie des deux extremitez. D'autres y adjoustent vne autre piece de Plomp sur la soudure, qu'ils soudent bien d'vn costé & d'autre, pour affermir la 1e. D'autres font jetter en moule les Tuïaux & les font d'vne piece, mettant vn cylindre A. au milieu d'vn plus grand concaue dōt la moytié est B qui laisse entre d'eux autant d'espace qu'il en est requis pour l'épesseur d'vn Tuïau : puis remplissant cét entre-d'eux d'vn plomp fondu. Ie ne craindrois en cette façon que quelques petits pores par où l'eau pressée pourroit passer : si on ne trouue moyen de les bien presser deuant.

On remedie au 2on. inconuenient joignant aux Tuïaux de la terre argilleuse, qui n'est point salée & corrosiue. Ce que font les Plombiers qui enuironnent le Plomb mis en terre, d'argille ou de conroy : D'autres reuestent les Tuïaux de filasse trempée dans le Mastic chaud, auec lequel on joint les Tuïaux de terre. Cette façon est tres-bonne, mais la 1e. est plus aisée, & de moindre coust. Contre le 3e. inconueniant, le meilleur est, de ne se seruir des Tuïaux de plomb, que dans les lieux où on ne peut fouir, & les deterrer sans estre apperceus, & où il y á des hommes pour arrester les desseins des larrons Tels sont le dedans des Maisons & des Villes: Et si on est contraint de s'en seruir autre part il faut que ce soit en des lieux inconnus, & qu'ils soient placez assez profondément en terre.

IIII. Les Medecins disputent de leur qualité. Les vns leur en donne vne maligne, de laquelle l'eau participe, comme de Cereuse: Les Plombeurs sont d'ordinaire pasles, & mal sains. On boit en des Taces de bois, de terre, d'Argent, de cuivre, non de Plomb Quelque Medecin ayant reconnu, que dans vne grande Ville de France, depuis vne Fontaine faite, plusieurs des Cytoyens estoient sujets au mal des Escrouëlles, à voulu attribuer cela aux Tuïaux de Plomp: j'aymerois mieux dire, que c'est l'eau, puis qu'vn tel effet ne se trouue pas en tant d'autres lieux, où il y á de tels Tuïaux. I'approuue fort l'avis, que donnent les Medecins de laisser passer quelque temps, comme six mois, sans boire de l'eau coulante dans tels Tuïaux: pource que les Tuïaux attirent ce qui est de terrestre dans l'eau, d'où il se fait vne crouste; apres quoy l'eau coule sans plus se ressentir de tels Tuïaux.

§. 3. *Des Tuïaux de Bois.*

D*E leurs avantages & desavantages*; On leur donne deux avantages: sçauoir est, la plenitude pour contenir l'eau dans eux sans permettre qu'elle s'échappe & sorte, & la force pour resister à plusieurs efforts, qui tendent à les rompre, & qui romproient ceux de terre. On dira contre le 1er. Que la poudere du bois sié va au fond de l'eau, & que le bois surnage: ce qu'il ne se peut faire qu'à raison des pores pleins d'aër. Ie respond qu'il est vray, mais que ce ne sont pas des pores trauersans. On leur donne trois desavantages: sçauoir, 1. De se creuer en se sechant. 2. De donner quelque teinture & goust à l'eau, & 3. De se pourrir & corrompre à la longue. On remedie au 1er. manquement, les perçant incontinent apres estre couppez & abbatus, les plaçant dans terre incontinent apres estre percez, ou quand on ne peut accomplir le tout si promptement les enfonçant en terre, ou en lieu froid, les couurant d'vn linceuil mouïllé, *&c.* ou les tenant tres-serrez des deux bouts & extremitez auec des cercles de fer. Et pour le 2on. inconuenient il ne dure pas long-temps: pource qu'au commencement la Seve du bois se mesle auec l'eau coulante, & la noircit, d'où suit vn petit goust de vittiol, mais cela estant passé l'eau coule toute pure.

On se sert de la poussiere du bois sié, pour faire de la teinture: comme aussi on enferme l'eau le vin, & autres liqueurs dans des seaux, barriques, pipes, tonneaux & autres vases de bois, qui a jetté sa seve, sans que les liqueurs en reçoivent aucune alteration: On dit encore, & il est vray, que les troncs de bois, dont on fait des Tuïaux sont sujets à couler és endroits où il y a des neuds, mais le remede y est tres-aisé: car il faut oster le neud, percer le bois, & remplir ce vuide d'vne bonne cheuille, c'est le troisiéme desavantage qui est le plus important de tous, & le plus difficile à y remedier: Et si ie trouuois le moyen de rendre les Tuïaux de bois perpetuels, j'estimerois auoir mis cét Art de la conduite des Eaux en sa perfection: Et d'autant qu'il ne faut point chercher autre principe pour pouuoir determiner ce point, que les experiences, ie mettray icy celles, que j'ay peu voir ou apprendre pour l'vn & pour l'autre party.

II. *Quatre sortes d'experiences pour la perpetuité du bois, & des Tuïaux de bois*; La 1e. est, Des Nocs fōdriers ou Canaux sousterrains, qui se cōseruét les siecles entiers sans deperir. Pour entédre cecy, il faut distinguer trois gros & grãds Tuïaux ou Canaux, faits d'vn gros arbre cavé, qu'on nōme ordinairemét du moins en ce pays des Nocs Sçauoir, *1ent.* le Noc fondrier & inferieur: c'est le Tuïau mis au fond de la Chaussée d'vn Estang, ou d'vn Moulin, par lequel l'eau s'écoule par en bas quãd on veut pescher l'Estãg. 2 Le Noc sousgrauier: c'est vn gros bois mis au fond de l'eau du Moulin. 3. Le Noc ou Canal superieur qui jette l'eau dans la Rouë par haut, & est exposé à l'aër. Cetuy-cy se doit renouueller de temps en temps, & estant de Fousteau ne dure pas vn an; ceux là quoy que de Fousteau durent toûjours, & plusieurs des experts qui les font, asseurent que le Fousteau estant pris & mis en seve auec son écorce, il a sa seve chaque mois, comme s'il estoit sur pied.

III. La 2e. sorte est, des pilotis mis & enfoncez dans la terre, particulierement humide, & laquelle par abondance d'eau n'est pas assez ferme. Car on ne les y plãte pas que sur l'asseurance qu'ils subsisteront en leur entier, & qu'ils soustiendront le bastiment qu'on éleue sur eux: comme aussi en la demolition de semblables bastimens on les trouue tous entiers auec leur écorce. En plusieurs endrois quand on doute de la solidité des fondemens, on abbat vn gros Fousteau qu'on y couche, & sur lequel on basti ce que l'on ne feroit pas si on n'auoit des asseurances de sa perpetuité. La Ville de Venise en l'Europe, de Mexit en l'Amerique, tant de Chasteaux, tant de Maisons, de digues de Ponts, sont bastis sur des pilotis de bois, & soustenus par leur force. Les Quilles de Navires qui trempent continuëment dans l'eau, sont souuent de Fousteau. Les pilotis se mettent encore en terre sabloneuse, à cause qu'elle n'a pas la fermeté requise pour les bastimens.

III. La 3e. preuue experimentale sont tant de sortes de bois qu'on tire des eaux auec vne solidité & integrité admirable, qui y ont esté vn těps immemorial. Nous en auons de tels en deux lieux dans la Bretagne. Le premier lieu se nomme les Marais de Dol, où on tient qu'il y auoit vne Forest, qui a esté abysmée en vn těps si ancien qu'on n'en a aucune Histoire ny rapport, & on ne l'asseure que sur vn effet tres-asseuré & present. C'est qu'il ya plus de 200 ans qu'on tire dans ces terres qui sont enuironnées de cinq villages, des poutres toutes entieres, de troncs gros & long. (On nõme ce bois du Coyron,) qui non seulement n'ont rien perdu de leur bonté & beauté, mais ont acquis la beauté & solidité du bois d'Ebeine, & on s'en sert pour des Buffets, Tables, & autres ouurages de Menuserie: On à des broches de fer qu'on va enfonçant bien auant en cette terre pour trouuer vn tel bois & le pescher, où on rencontre de la resistance. Ce qui m'estõne en ce sujet est. que l'on n'y a que le Cheine qui aye durci de la sorte; Car les autres especes de bois estant tirées & exposées à l'air se reduisent en poussieres. Certes les Latins ont meritoirement donné le nom de *Robur* au Cheine. On y a tiré des Coudriers auec des noisettes qui perissoient incontinét apres estre sechées. L'autre lieu est vn grand Lac nommé de Beau-Lieu, au Diocese de Nantes, où on tient vn Village abysmé, quoy qu'il en soit, on en a tiré des pieces de Menuseries aussi entieres comme celles qui sont dans les Maisons. Mais cecy est tres commun dans les Eaux & les lieux marescageux, de trouuer & tirer du bois tres-entier, qui y aura passé plus de 100. ans. Ce qui arriue en quantitez de Villes où il y a eu des bastimens enfoncez dans terre. Car quand on vient à y fouïr, on y trouue les Coffres, les Tables, les Celles & autres pieces de mesnages toutes seines & nettes sans aucun détriment. Le dénombrement en seroit trop long, chacun en peut apprendre quelques exemples, de ce que l'on trouue en creusant bien souuent des fondemens.

IIII. La 4e. sorte contient les diuerses rencontres où on a trouué du bois conserué apres des siecles. La plus fauorable & pour ce sujet, & en ce Pays, est vne Fontaine en la Mancelliere à 9. lieuës distante de Rennes, dans le Diocese de Dol, où l'eau passe par des Tuïaux de bois de Cheine, qui y ont esté mis il y a plus de 120. ans, sans deperir, & si l'eau ny coule plus, c'est que la source a esté diuertie Carayes au Diocese de Cornoüaille, est vne Ville qui contient des marques d'vne ville ancienne, Noble, & grande, sans qu'on sçache le temps, & la cause de son changement. En foüissant on trouue des pieces de cette Noble Antiquité. Entre autres on y monstre des Canaux nouuellement decouuerts, où il y a des Tuïaux de bois entiers. A St. Malo les Tuïaux

par

par où l'eau passoit dans la Mer sont entiers. On en a trouué vers Vennes d'enfoncez dans du sable encore entiers.

V. *Confirmation de la perpetuité*; Outre ces quatre sortes d'experiences, si le bois mis dans les Eglises, Maisons, & autres lieux couuerts, soit de charpente, soit de menuserie, dure 100. 200 & 300 ans en son entier. Pourquoy ne le fera-il pas dans les eaux, & dans les terres, où il ne trouue pas plus de contrarieté à sa nature, ny les causes de sa corruption en vn lieu plûtost qu'en vn autre? Salomon de Caus bon juge en ce suiet, aussi bien que Vitreuve, les reçoit. Et on dit qu'en Alemagne & autres Pays Septentrionaux, ils sont tres communs.

VII. *Les experiences contre la perpetuïté des Tuïaux de bois*; Ie n'en puis pas produire d'autres que celles que j'ay apris dans la Bretagne, où je demeure, & où presque toutes les Fontaines qui ont esté conduites dans des Tuïaux de bois n'ont eu vne longue durée, à la reserue de celle de la Manceliere, de laquelle j'ay parlé cy-deuant. Et puis que presque par tout on se sert des Tuïaux de terre cuite, c'est vn préjugé qu'ils sont préferables à ceux de bois: Car la préference ne leur peut venir que de leur perpetuïté plus asseurée; puis qu'en toute autre circonstance ils cedent à ceux de bois. A quoy on répond, qu'on a fait fort peu de Fontaines des Tuïaux de bois; & qu'en celles-cy on n'a pas apporté toutes les précautions necessaires à leur conseruation: Outre que les Tuïaux de bois en certains endrois coustent dauantage que ceux de terre: Ce qui met ceux-cy en vsage.

§. 3. *Les causes de la corruptibilité du Bois separé de sa racine, & de son tronc.*

I. LE *principe*; Pour mieux juger des experiences mises cy-dessus, & pour éviter la corruptibilité dans le bois, il est necessaire de rechercher & de bien reconnoistre les causes de sa corruption. Surquoy faut sçauoir pour principe qu'il y a trois sortes d'estres: Les vns sont absolument incorruptibles, pour n'auoir ny en eux, ny hors d'eux aucun agent crée capable de leur oster l'estre, tels que sont les Anges & nos Ames. Car relatiuement à la cause increée tout peut estre aneanti comme tout peut estre crée. Les autres sont absolument corruptibles, pource qu'ils ont dans eux mémes le principe de leur corruption; soit à raison des parties qui les composent, & qui estant de different temperament, se combatent & se font vne guerre continuelle: soit à raison des facultez & vertus requises à leur conseruation, lesquelles agissant patissent, & s'affoiblissent; Tels que sont les Plantes & les

Animaux. Les troisiémes sont entre-d'eux, qui n'ont point ce principe de corruption dans eux mesmes : Si bien hors d'eux-mesmes par des qualitez contraires qui sont dans les agens externes. Tels sont les Elemens & plusieurs Mixtes Homogenées en leurs parties, comme sont les Metaux, les verres, les pieces de terre bien cuites, &c. Vne goutte d'eau demeurant au milieu de la Mer demeurera toûjours eau, pource qu'elle sera toûjours environnée & partant conseruée de ses semblables, laquelle estant au milieu des flammes se perdroit incontinent, & periroit. I'ay sujet de mettre icy dans ce troisiéme rang, les Pierres & les Bois, que Dieu a fait pour seruir de matiere aux Bastimens ; & partant, qui sont incorruptibles par leurs principes internes, corruptibles par des estrangers: Et pour me retrancher sur le bois dont il s'agist icy:

II. *Ie trouve trois causes de la corruption du bois mis en terre, & par consequent des Tuïaux* ; Deux sont asseurées, qui sont la Seve attirée & non digerée. 2. Les alternatives de sec & d'humide, de chaud & de froid dans le bois, & la 3e. est, le Salpétre ou sel de la terre joignant le bois, qu'on dit agir contre le bois aussi bien que contre le plomb. D'où vient qu'és lieux humides où vn tel sel est dissou, le bois & le plomb durent long-temps: Le bois flotté n'a pas tant de sel que l'autre: comme sçauent ceux, qui en amassent les cendres. Et si dans les Grottes l'eau coulante par diuerses fentes se forment en figures differentes, c'est qu'elle est emprainte du sel terrestre, & que se congelant & petrefiât elle fait des glaçõs de formes differẽtes, desquelles elle est le principe. Neantmoins, les Tuïaux mis dans l'eau de la Mer, s'y conseruent.

III. *Pour la premiere cause de la Seve*; Il est certain que les Plantes & les Arbres, ont pour leur sang & pour leur nourriture vne liqueur nõmée la Seve; Que les racines attirent dans elles, & qui est attirée des racines par le tronc: du tronc par les branches, des branches par les fueilles, fleurs & fruis: chacune de ses parties suçant de sa voisine comme d'vne mammelle ce lait, lequel se trouue en toutes les parties de l'Arbre pour les nourrir: mais particulierement entre l'Arbre & l'écorce, pour former & nourrir de nouueau bois, & par le bois les feuilles, les fleurs, & les fruis. Cette Seve a quelque sympatie & conuenance auec les periodes lunaires, croissant & decroissant, comme la lumiere dans la Lune. Car elle sort en abondance durant la pleine Lune, si on fait vne incision dans l'écorce, ou vn trou en pente dans l'Arbre; ce qui me fait croire que les Fontaines qui croissent comme cela ont le mesme principe; c'est à dire, vne vertu attractive, qui se fortifie selon que croist la lumiere Lunaire. Et comme il y a des marées plus grandes que les autres : telles que sont les Equinoctiales en la Lune pleine ou nouvelle ; Aussi y à-il deux seves plus abondantes en cha.

que année, l'vne pour fournir d'aliment aux fruis vers le mois d'Avril: l'autre pour reparer les pertes faites vers le mois de Septembre. Cette Seve à mon advis contient vn sel figuratif des Plantes, comme ie monstre par plusieurs experiences en la Science des Eaux, & vn esprit de Vitriol diversifié selon la diuersité des Arbres, comme on peut connoistre par le goust de cette liqueur, par la teinture qu'elle donne aux eaux, par les vertus Medicinales, dont les seves sont de petites Fontaines & par le sel purgatif, qu'on tire des cendres du bois. Or cõme cette Seve attirée par la vertu vegetatiue de l'Arbre, de la racine à toutes les parties se digere & se corporifie en Bois, feüilles, fleurs & fruis; aussi la mesme se trouuant attirée dans vne partie de l'arbre separée de de son tronc, agit contre telle partie, & au lieu de luy estre vn aliment nutritif deuient vn dissoluãt corrosif, & vn principe generatif des vers & petits animaux, qui rongent le bois; comme il arriue és racines separées du tronc, qui pourrissent en terre, comme sçauent ceux qui en Canada défrichent les forests; pource qu'elles ont vne tres grande vertu attractive de l'eau pour elles & pour tout l'Arbre, & vne petite digestiue pour elles seulement. Ainsi l'eau qui y est par excés les corromp. D'où vient qu'en couppant les arbres à diuerses fins, on choisit diuers temps, comme ie diray bien tost.

IIII. *La 2e cause agit de cette sorte*; L'air estant subtil penetre les pores du bois qui luy est exposé, & y faisant ses impressiõs rend le bois tãtost humide tantost sec, & vuide d'humeur étrangere, dont le bois est attractif: Ensuite dequoy il s'enfle en temps humide, & se desenfle en temps sec: comme il est aisé de monstrer és bois des portes, des fenestres, & des ventillõs, qui s'élargissent en vn temps & se retrecissent en l'autre, se ferment aisément en vn temps, & difficilement en vn autre. Et mesme si vous auez du bois vn peu courbe, mettant de l'eau sur le concave, ou exposant le convexe au feu vous le redresserez bien tost. De plus l'air condense & rarefie le bois non seulement par sa constitution seche & humide; mais encore par sa froideur & chaleur alternatiue. Or comme vn fer plié & replié desunit ses parties, & se diuise de mesme les parties du bois contiguës à l'air retirées & approchées, quoy qu'insensiblement se desunissent, & donnent moyen à l'air de porter ses conquestes plus auant, & d'agir dans les parties plus interieures du bois, où il n'arriue qu'apres vn long temps: puis que l'on trouue des poutres apres 60. ans, estre encore vn peu humides au milieu: l'air desseche la partie qui luy est contiguë, & de cette-cy il passe à la 2e. & de la 2e. à la 3e. & ainsi de suite jusques au centre.

V. *Si le bois est bien enfoncé dans la terre ou dans l'eau, il dure long temps*; Pource que rien de dehors n'entre dans le bois pour y agir, & le corrompre, à cause que tout le dehors est trop grossier pour penetrer les petits pores: Rien de dedans ne sort pour amoindrir le bois: Ce qui fait qu'il ne croist ny ne decroist, qu'il ne perd & n'acquiert rien: Il se trouve toûjours en humidité ou en secheresse, & le froid le condensant le fortifie. Les pieux enfoncez dans terre se pourrissent bien tost en la partie qui s'eleve immediatement sur terre, pource qu'elle a les grandes alternatiues de secheresse & d'humidité, ce que n'ont les parties, soit bien auant mises dans la terre, soit bien haut éleuées dans l'air: *Item*, les lattes de bois qui couvrent les Tois, se conseruent en la partie, qui est couverte d'vne superieure, se pourrissent en celle qui est découverte. De plus les bois de charpente enfermez & dans la maison durent incomparablement plus, que ceux qui sont exposez à l'air, sec & pluvieux.

§ 4. *Des diuers Bois, & des conclusions & aduis, qui suiuent de ce qui a esté dit cy-dessus.*

1. LEs Arbres exposez au Soleil sont plus durs que ceux qui croissent au milieu d'vne forest; Les Navires faites du bois d'Inde sont plus denses & plus pesantes que les nostres: pource que la chaleur intense, fait dauantage évaporer les humiditez superfluës, fortifie la vertu digestiue du bois; D'où s'ensuit qu'ils ne se diuisent, & ne se crevent pas si aisément comme font les bois couuerts du Midy, qui se fendent incontinent qu'ils sont secz & exposez à vn air chaut: car la chaleur qui leur est extraordinaire suruenant, le fait bien-tost éuaporer, éuaporant desenfler, desenflant se retressir, retrecissant se fendre en quelque endroit, pour laisser autant de place vuide de bois que la condensation en perd, & en oste au bois, comme on void és terres desechées, qui se creuent; Et si la terre de la poterie se seche sans se fendre, ce que le tout se retire & occupe moins de place: ce qui ne peut arriuer ny au bois ny és terres.

2. Les bois qui croissent en lieu humide, comme les Chenes, sont gelifs, & la gelée faisant enfler la seve, les fait fendre auec vn grand bruit; dont les François de Canada ont de frequentes experiences. 3. Entre les parties d'vn mesme arbre, celles qui sont plus proches du pied, sont plus fortes & de plus longue durée: C'est l'experience qui nous fait voir les Tuïaux des parties plus éloignées du tronc, se corrompre plus tost que ceux, qui en sont plus proches: Comme aussi on prend les Essieux des Charrettes & des Carroces des parties de l'arbre plus proches du pied 4. De mesme entre les arbres pris en diuers temps, les jeunes déracinez sont plûtost corrompus que les vieux. Pour ce que

les parties, de ceux-cy ont acquis plus de force, ont moins d'humidité non digerée, qui est la cause de la foiblesse, & corruption. 5. Entre les Arbres ceux qui sont destinez de la nature à fournir le bois aux bastimens, sont plus propres que ceux qui sont pour porter des fruis. Ie n'ay pas assez d'experiences pour parler de la force & perpetuité de chacun en particulier.

II. *Pour les conclusions*; La 1e. est, Que pour conseruer le bois dans son entier, il faut le mettre és lieux où il ne ressente point les alternatiues de la secheresse & de l'humidité; Tels sont le dedãs des maisons, des terres, & des eaux, & il est expedient de les tenir toûjours pleins d'eau pour conseruer le dedans aussi bien que le dehors. Ce qui me donne sujet de croire que ceux qui se pourrissent si tost ne sont pas mis assez profonds dans terre ou dans l'eau, ou ils y ont esté mis priuez de toute vie & déja foibles. La 2e. Que les bois de Charpente & de Menuiserie demandent vne autre preparation & constitution que ceux des Canaux & des Tuïaux, pource que l'vn doit estre mis dans l'air, auquel estat il doit auoir le moins de Seve que faire se pourra, pour n'agir contre le bois qui est lors incapable de la digerer & conuertir en bois: l'autre doit estre mis en l'eau, en la terre, où la Seve sera ou dissoute auec l'humidité de l'vn & de l'autre, où elle seruira à la nourriture de l'arbre, qui se conserue en vie long-temps dans la terre, sa matrice, & le lieu de sa naissance, C'est pourquoy Vitruve & les Architectes font cerner le bois pour l'Architecture à la fin de l'Automne, puis le laissent de bout sur pied l'Hyver, apres lequel on le coupe vuide de toute Seve superfluë: Là où pour les Tuïaux on les couppe en tout temps, & estant couppé le plûtost qu'on peut l'éployer, & l'éfoncer en terre c'est le meilleur, car il est encore en vie. Les planches siées & trempées en l'eau se sechent bien plûtost, que non trempées, parce que l'eau a emporté la Seve. La 3e. est, Que voyant des experiences pour & contre la perpetuïté du bois, & des asseurances pour la terre cuite quand on pourra également bien cõduire l'eau par ces deux sortes de Tuïaux, ie préfererois ceux de Terre, quand ils sont bien cuits, & comme vitrefiez. La 4e. pour jouer au plus seur, les Tuïaux de chene ont pour leur perpetuïté plus d'experiences que les autres.

III. *Aduis*; C'est de ne pas facilemẽt croire les Fontainiers mecaniques & mercenaires, qui entreprenent de faire les Fontaines touchant leur perpetuïté: Car n'ayãt autre dessein que de gaigner, quand ils verront leur Fontaine pouuoir durer quelque temps, ils ne se mettront pas en peine de ce qui arriuera apres tel temps, & par consequent pour gagner ils approuuent & acco[illegible] tout & engagent les proprietaires à des Fontaines, desquelles ils re[illegible]vent plus de déplaisir que de con-

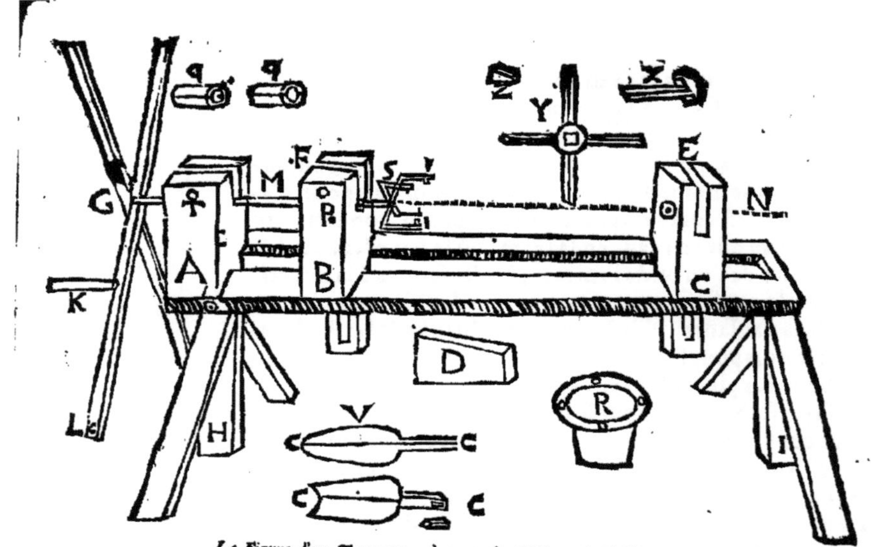

La Figure d'un Tour propre à percer les Tüiaux de Bois.

tentement. Le tout est de voir, & de choisir de tous les chemins le plus fauorable, dans tel chemin de toutes les façons la plus asseurée. Si par Canaux, ou par Tuïaux, & par quels & dans chaque façon, ce qui est de plus parfait suiuant les regles declarées cy deuant: Partant ayant examiné ce qui appartient à la Source si on peut auoir & marquer par des piquets plantez de lieu en lieu la ligne de Niveau, depuis la source jusques sur le lieu où on doit la conduire; c'est par là qu'il faut commencer; encore bien qu'on ne le puisse faire par tout l'espace: pource qu'elle sert de guide, de mesure & de principe, pour toute la conduite. La perpendiculaire tirée d'elle en quelque point que se soit, jusques à vn point designé dans le milieu, monstre non seulement la hauteur de ce point sur celuy du milieu, mais aussi de la source, comme j'ay dis au Cap. 4 §. 4.

§. 5. *La maniere d'accommoder les Tuïaux de bois & de les percer.*

TRois instrumens sont requis pour faire d'vn tronc de bois vn Tuïau accompli: sçauoir, vn pour les percer, vn autre pour les couper selon l'angle requis en diuerses occurrences, afin qu'ils se trouvent par tout joins ensemble, en parfaite conuenance. Le 3e. est pour faire vn vuide tel qu'il conuient à receuoir les virolles. Pour les percer la façon ordinaire est, de le faire auec la simple main d'vn homme. Il y en à de si adroits, qui percent tresbien & font dans le bois vn concaue rond, droit, & poli, qui sont les trois perfections du dedans d'vn Tuïau. Quand on n'a que peu de Tuïaux à percer, il faut se seruir de cette façon; mais si on en à vne grande quantité il est plus avantageux de se seruir de quelque instrument. Entre tous celuy dont j'ay veu & apris la pratique par Sarasin, est sans contredit le plus accompli & parfait de tous: à cause qu'il est impossible de rendre le concave des Tuïaux plus droit, plus rond, plus poli, & auec plus de facilité & promptitude que fait vn tel instrument. On le trouuera d'abbord vn peu difficille à adjuster: mais aussi quand il sera accommodé comme il faut, on trouuera qu'il avance grandement l'ouvrage, & l'acheue tres-perfaitement, Celuy que j'ay veu en a percé plus de 3000. auec facilité & sans deperir. L'Instrument n'est autre qu'vn Tour de 4. pieds enuiron plus long que n'est le bois qu'on doit percer, & qui partant pourra estre de 14. pieds de long pour y pouvoir percer des troncs de bois longs de 10. pieds. Ie me contente d'en faire voir vne figure grossiere, auec l'explication de chaque piece és deux pages précedentes. La grosseur de chaque piece & partie de cét Instrument doit estre proportionnée à sa grandeur.

Le

A. & B. sont deux Popées immobiles, A. est attaché par vn gros fer O. qui trauerse toute l'espesseur du Tour, B. est retenu par la Clauette, D. qu'on met à la fente & ouuerture inferieure qui paroit, G. L. Vne Croix ou Roüe de bois, qui en son centre porte l'Essieu, G. M. la Manivelle, K. a vne distance conuenable du centre, & aux quatre extremitez. si l'on veut on y met autant de boulets de Canon, G. M. est vn gros fer rond, qui est attaché d'vn costé a G. de l'autre il supporte la croisée, ou les branches de l'instrument des Pintiers, q. q. sont des pieces de Cuiure dans le concaue desquelles tourne G. M. qui partant sont mises dans les fentes superieures des Popées A. & B. T. P. sont les trous par ou on fait passer vn fer pour tenir fermes & immobiles les pieces q. q. S, I. demonstre vn instrument tout semblable à celuy des Pintiers: si ce n'est qu'il doit estre d'autant plus grand, & plus fort, qu'il supporte vn corps plus pesant, & qu'en son mouuement il doit surmonter vne beaucoup plus grande resistence. Outre que, la Croisée des Pintiers n'a d'ordinaire que trois branches & autant de crampons: la ou celle-cy en a quatre, en forme de Croix: comme on voit en Y. & à la marge en A. B. C. D. & autant de crampons, la figure est en X. ou en la marge 2, G. Ils ont vne fente N. & vne Clavete H. ou Z. pour les tenir immobiles on adjouste à l'extremité de ces crampons deux Virolles ou fers a vis, qu'on tourne auec vne Manivelle, pour les faire presser le bois, qui d'ordinaire est equerré, & est soustenu par ces quatre crampons comme le plat l'est par les trois des Pintiers. La 3e. Popée C. est mise de l'autre costé elle est mobile, & on l'arreste par vne Clauete, D. mise en la fente qui paroit en bas. Elle a vne grande ouuerture en O. pour y mettre vn cuivre de la forme de R. ou M. qui est cõme vn coin retrãché que l'on attacha au tronc de bois qu'on veut percer auec 4. gros clous, qui passent par les quatre ouuertures faites au rebord de R. & es quatre endrois A. B. C. D. de M. la fente en E. est pour y mettre vn planche, qui retienne le Cone retranché dans vne concauité conuenable à sa conuexité. G. N. est la ligne de l'Axe, à l'entour de laquelle roüe doit tourner; & partant le tronc qu'on doit percer doit y auoir son milieu, & les Tarieres doiuent estre conduites par vne telle ligne: Et pour ce faire on met deux Soliveaux parallelles au delà de C. qui sont de niveau auec G. N. pour porter les deux extremitez du manche des Tarieres, lesquelles on ne fait que pousser contre le bois durant que les autres tournent en K. le fer G. M. & la croise, S. I. & auec elles le Tronc & le Cone R. C. que l'on fait de la sorte: pource qu'il est bien plus aisé de retirer la Tariere remplie de couppeaux du bois, que le bois de la Tariere qui tourneroit. Les Tarieres C.C. doiuent estre de differente grosseur pour agrandir la concauité du Tuiau selon que l'on desire. La premiere est celle qui commence & fait le chemin aux autres, qui partãt doit estre appliquée au point du cẽtre, cõduite droit & auoir la ligne C.C. dans la ligne G. N. Elle doit auoir la pince pour faire la re. ouuerture en forme de la pointe d'Ouale. Et d'autãt qu'il y a de la peine a la retirer mãque d'vn corps, qui luy succede pour euiter le vuide, il faut pratiquer par derriere vne petite caneleure qui y portera l'air & remplira le vuide. La derniere doit prendre peu de bois, pour le prendre justement & laisser la concauité polie: Toutes doiuent estre concaues pour contenir les couppeaux, trenchantes & forgées de bon Acier d'vn costé pour entrer dans le bois, croissantes doucement & petit à petit pour accroistre l'ouuerture doucement & sans trop grande resistãce. Toutes sont composées de trois pieces, sçauoir, d'vne des Tarieres d'escrites, puis d'vne forte & grosse barre de fer ronde & lõgue, en vne extremité de laquelle on attache fortement la Tariere, soit la faisant entrer dans vn trou quarré, soit autrement. En l'autre il y a vn levier pour retenir la Tariere pour l'avancer, la retirer, & la conduire. à quoy seruent les deux soliues d'escrites. Le moteur ordinaire de cette Machine, sont les hommes. On pourroit la faire tourner par la cheute de l'eau dans vne Roüe. ou par vne l'Anterne a fuseau, jointe au gros arbre de la roüe d'vn Moulin, dans lequel on mettroit des dens de bois pour faire tourner la Lanterne, & par elle G. N. auec le bois. C'est plûtost fait par les hommes.

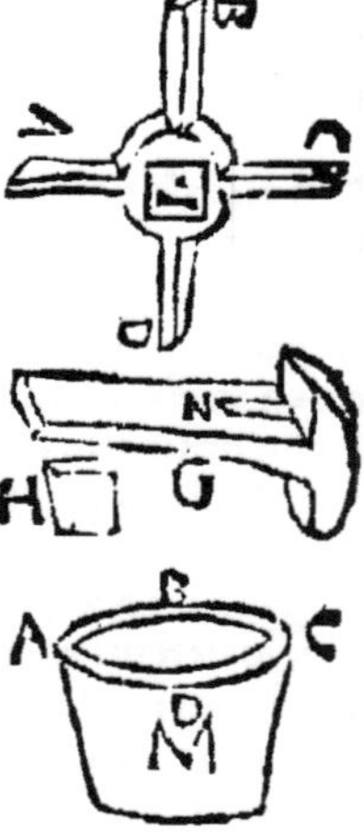

D'autres qui n'ont point d'instrumens propres à percer, forment des Tuïaux dōnant à des Soliueaux les façons suivantes. 1. Ils en conroyēt du moins vne surface & la rendent tres droite & polie. 2 Ils le cavent au milieu, soit en forme de demy rond, soit en quarré. 3 Ils le couvrent d'vn aïs, pareillement droit & poly, & joignent ces deux pieces tres-estroitement par le moyen de fortes chevilles, & du mastic qu'ils mettent entre-deux apres auoir bien seché & chaufé ces deux surfaces: Bref ils y font ce qu'on fait aux aïs des Navires & Batteaux les calfeutrant pour empescher toute entrée à l'eau exterieure, & toute sortie à l'interieure. D'autres joignent deux Soliueaux cauez pour former le rōd tout entier. D'autres dās le plein font des raineures ou canelures, qu'ils remplissent de mastic & d'vne regle adjustée à la cavité des rainures pour empescher toûjours dauantage toute communication de dehors en dedans & de dedans en dehors. On en a trouvé en terre de cette sorte, qu'on peut faire tant long que l'on veut, & facilement.

§ 6. Des Tuyaux de Terre.

I. Ceux-cy sans contredit seroient preferables aux autres: à cause qu'ils ne sont sujets ny à aucune corruption, ny à aucune fente & creuasse, & qu'ils sont assez communs, à bon pris, & inutiles à tout autre vsage s'ils n'auoient trois manquemens: sçauoir, d'estre cassans, & non plians; d'estre de foible resistance aux pressions fortes & d'estre quelque fois poreux. C'est pourquoy il faut s'efforcer de remedier à ces trois inconueniens, deuant que de s'en seruir. On les empesche de casser les plaçant sur vn fond immobile éleuant des murettes à l'entour d'eux, & mettant sur elles des pierres plattes contre les pesanteurs & pressions superieures. On les empesche de se rompre par pression interieure, soit de l'eau superieure, soit des vens renfermez, ne les mettant point en lieu où la pression soit trop forte, & les couvran d'vn Cimēt bien meslé & battu auec de la chaux, car ce Mixte fait vn secōd Tuyau, qui fortifie grandement le premier, & d'autant plus qu'il est epois. On bouche les pores en dedans lés vernissant, en dehors les arrousant de poids chaude & penetrante, & les cuisant jusques à la fusion de la matiere qu'on y mesle.

II. *Pour y réussir, il faut obseruer cinq points;* Le 1er. est, de choisir & se seruir d'vne terre grasse bonne & bien preparée. 2. De la former en Tuyaux droits en leur longueur, d'égale espesseur en leur plein & circuit, & de mesme capacité en leur vuide. 3. De les cuire entierement. 4. De les joindre fermement & les placer sur vn lieu solide.

5. De les couurir si bien que rien ne puisse les endômager.

III. *La Matiere*; Sur ce sujet il faut remarquer trois points, le 1er. est, Que la terre argilleuse, de laquelle on fait les pots de terre est tres-commune en tout pays, pour y arrester l'eau & seruir de fond à tous les puys, comme j'ay expliqué au Ch. 2. § 5. & Ch. 3. § 1. Et quoy que toutes ne sont propres à nostre dessein; si est ce neantmoins qu'il est bien difficile qu'en vne telle vniuersalité il ne s'en trouue de bonne pour des Tuyaux, ce que ceux qui en feront vne recherche vn peu curieuse accorderont: Il est expedient d'en auoir de celle dont on se sert côme de la poterie de Gais, qui est jugée la meilleure de toutes pour la comparer auec celle que l'on trouue. Glauber qui a beaucoup facilité & abbregé l'Art de Chimie, donne le moyen pour en trouuer par tout de propres à faire Fourneaux, Creusets, Vases à contenir les liqueurs difficiles, & par consequent à Tuyaux. Le 2en. point est, Que la meilleure façon de connoistre la bonté d'vne terre grasse, est d'en faire faire des pots & des Tuyaux dans quelque poterie voisine, & puis reconnoistre leur plenitude contre les pores, & leur force contre les pressions par diuerses experiences, que j'explique dans le 3e. point: 3. On connoistra leur plenitude, & s'ils retiennent l'eau entierement les bouchant en l'extremité inferieure & puis les remplissant, ou d'eau salée chaude, ou de vinaigre chaud, ou d'vrine Car ces trois liqueurs en vertu du sel, qu'elles contiennent trauersent les moindres pores. Et mesmes l'esprit de sel corrode le verre de Fougere. I'ay veu des Tuyaux qui ayant esté remplis d'vrine, apres quelques iours transpi-rerent par plus de mille endrois. Aussi on a grand soin de ne mettre pas le beurre salé en toute sorte de pots. Car en plusieurs le sel passe, paroit au dehors & le couvre. Et ceux qui le retiennent dedans sans que rien sorte, sont bons pour des Tuyaux. On connoistra la force d'vn pot ou d'vn Tuyau leur donnant vne grande pression, soit par vne eau d'vne grande hauteur par le moyen de quelque long Tuyau éleué verticalement, & attaché au pot qu'on veut esprouver: soit par vne forte rarefaction de l'air enfermé dedans & eschauffé. Quelques vns croyent que c'est vne bonne marque quand les Tuyaux font feu auec vn fusil: mais elle conuient aux bons & mauuais Tuyaux. *Item*, Si l'eau mise dans vn Vase y diminuë, c'est vn mauuais signe.

IIII. *La formation des Tuyaux*; La terre estant nettoyée, paistrie, & preparée, se forme en Tuyaux par diuerses façons: L'Ordinaire est d'auoir sur le centre de la Roüe à potier vn Cylindre de la capacité qu'on veut auoir le Tuyau éleué Verticalement, & puis tournant la Roüe éleuer la terre auec la main à l'entour d'vn tel Cylindre, & l'arrondir le plus également que l'on peut. Les autres façons enferment la terre entre deux moules concentriques, pour auoir non seulement par vn la surface interieure & concaue du Tuyau: Mais aussi par l'autre la conuexe & l'exterieure plus reguliere. Et cecy se fait en deux façons. La 1e est, Par la figure mise au Ch. 6 §. 1. pour les Tuyaux de plomp. Car mettant de la terre dans la moytié inferieure B. & le Cylindre conuexe A. au milieu elle s'accommodera entre l'vn & l'autre en la moytié inferieure: puis couppant la terre superieure par vn fil de fer formé en demy rond, & y appliquant la moytié superieure pour la presser dauantahe on aura vn Tuyau tout entier. La 2e. façon est de faire passer la terre par force entre deux Cylindres concentriques, l'vn moindre & conuexe L. I. pour auoir la surface concaue du Tuyau: l'autre plus ample & concaue pour auoir la conuexe du mesme, comme l'on peut voir en la figure concaue A.. qui reçoit la terre dans vne ample capacité, & an Cylindre conuexe B qui estant de mesme grosseur poussé dedans, soit par le moyen d'vn leuier, soit autrement, fait sortir la terre tres-pressée par A. L. I. où il y a de l'epesseur vuide entre deux Cylindres concentriques autant qu'il en faut pour celle du Tuyau. Car la terre sort par là formée en Tuyau, de qu'elle longueur & droiture qu'on veut, & d'vne mesme capacité & espaisseur par tout; Deuant que de retirer le Cylindre B. il faut faire vn trou par I. L. pour donner moyen à l'air de succeder, & remplir le vuide, qu'il fait en se retirant. Cette façon est bonne; mais trop difficile, & les ouuriers accoustumez à vne ne changent pas facilement.

V. On laisse bien secher le Tuyau, & puis on le place dans le fourneau, où luy donne le feu petit à petit, afin qu'au commencement l'air renfermé ne se rarefie trop soudainement, & trop vistement: ce qui feroit ou creuer les Tuyaux ou ouurir les pores: le bois qu'on y brûle doit estre sec, car la vapeur qui en sortiroit nuiroit à la cuisson. On nettoye les Tuyaux cuits, passant par dedans vne pierre Ponce pour oster les petites parties protuberantes, les excressences & superfluitez qui ne tiennent que foiblement au Tuyau. Ie laisse cecy & le reste aux Artizans Potiers, qui sçauent la vertu de leur terre & de leur fourneau & la façon de bien situer les pots pour leur donner le feu également en toutes leurs parties, & pour cuire des Tuyaux d'vne grande espaisseur.

§. 7. *De la jonction des Tuyaux de Plomp, de Bois, & de Terre.*

I. **C**E *qui est commun à toutes Ionctions*; Les Tuyaux doiuent estre si bien, si solidement, & si fermement vnis les vns auec les au-

tres, que de tous il ne se fasse, que comme vne piece continuée depuis la source & l'entrée de l'eau jusques au lieu de sa sortie. Chaque espece de Tuyau a sa façon, & sa matiere propre pour seruir d'vnion; Voila le sujet de ce §.

II. *Pour ceux de Plomp*; Ie n'ay rien à adjouster à ce que j'en ay dis cy-dessus pour leur soudure, qui doit vnir fortement les vns auec les autres; l'Inuention en est tres-commune.

III. *De la jonction des Tuyaux de Bois par emboiture*; De deux façons de les vnir, cette cy est la moins commune, qui se fait comme dans des Tuyaux de terre auec cette difference, qu'en ceux-cy, le conuexe de l'vn n'est pas si bien ajusté au concaue de l'autre; qu'il ny reste du vuide, qu'on remplit d'vn Mastic, espais mais dans ceux de bois ces deux parties sont si égales, que l'on fait entrer l'vne dans l'autre, cõme vne cheuille dans son trou, l'vn à coups de maillets, l'autre à coups de marteaux; on les adjuste de la sorte par le moyen d'vn instrument particulier; Mais d'autant que cette justesse est difficile & douteuse, on adjouste pour plus grande asseurance du Mastic plus clair, coulant & delicat au bois qui doit estre bien sec & sans humidité; Et certes si le bois sec & preparé de la sorte, est capable de Mastic aussi bien que les Tuyaux de terre, pourquoy n'y en mettra t'on pas. Pour les former il faut prendre les troncs de bois en leur entier, & mettre la partie la plus grosse A. pour le cõcaue, la moindre C. pour le cõvexe Cette-cy doit estre moins espaisse que l'autre, pource qu estant poussée dans l'autre à coups de maillets, la conuexe C. est pressée en dedans & tend à la condensation & compression de ses parties, & partant a vne plus forte vnion: La concaue A. l'est en dehors & tend à la dilatation & diuision de ses parties. Or la resistance est plus grande pour le 1er. effet que pour le 2on. Outre que le 1er. est fauorable, l'autre préjudiciable à nostre dessein En cette façon on perd de la longueur du bois: Et si on demeure quelque temps sans les joindre la figure se change qui rend la conjonction plus difficile. Ces deux parties se peuuent faire en deux façons, sçauoir, en forme de Cone retranché en sa pointe, c'est à dire, sans pointe, comme sont d'ordinaire les deux pieces de chaque Robinet, & comme la figure monstre: Les autres sont en forme de Cylindres, comme sont les pieces des fleutes; Celles-cy se peuuent faire auec plus de facilité, & d'exactitude. On les peut faire sur le tour & auec des instrumens plus aisez à cause de leur égalité par tout, comme on voit en la 2 figure. Il y a encore d'autres façons d'emboitures, dont ie traiteray en la façõ de remettre vn bon Tuyau à la place d'vn gasté.

IIII. *De la conjonction des Tuyaux de Bois par Virolles ou Anneaux*; Ce sont des plaques larges enuiron de quatre pouces, qui vont serrecissant en espaisseur depuis le milieu jusques à l'vne & l'autre extremité, que l'on fait la plus pointuë, & la plus trenchante que l'on peut, pour mieux entrer dans les bouts des Tuyaux, & remplir le vuide que l'on y a pratiqué pour receuoir ces virolles, qui sont figurées en rond le plus parfaitement que l'on peut: ce qui se fait ou dans vn moule, ou dans vn calibre. Elles sont ou de fer battu ou de fer fondu, ou de plomp ou de bois.

V. *Les Virolles de fer battu sont les plus communes;* Et pour les faire on peut auoir du fer applati dans les Forges de quelle largeur & espaisseur que l'on voudra, auquel on donnera le trenchant aux deux extremitez dans les boutiques des Serruriers & la rondeur juste par le moyen d'vn calibre concaue ou convexe, ou autrement. Ces Virolles ont la force par dessus les autres qui sont cassantes, entrent mieux par leur trenchant dans le bois, & entrant de la sorte empesche tout le passage à l'eau & toute sortie. Elles sont apliquées sur le bout du Tuyau pour y laisser la marque de leur rond, en laquelle auec des cizeaux on fait des incisions & ouvertures pour receuoir en chaque Tuyau vne moytié des Virolles qu'on trempe deuant dans du Mastic preparé, soit pour mieux remplir le vuide, dans les Tuyaux, soit pour les garantir de la rouïlle, à laquelle ils sont sujets, & laquelle gaste non seulement le fer, mais encore le bois contigu: comme on peut voir és clous enfoncez dãs le bois & rouïllez. C'est pourquoy les Couvreurs ont obligation de tremper leurs clous dans l'huile bouïllante pour les déliurer de ce mal. Vau Elmont asseure que l'huile qui a perdu son sel, à la vertu d'empescher le fer, qui en est frotté de rouïller. On luy oste ce sel volatil le faisant bouïllir jusques à la diminution de la moytié. Ie ne parle pas du sel estranger & marin qu'on y met souuent, & qu'on luy oste facilement.

VI. *Les Virolles de fer fondu;* Ont pour auantage d'auoir vne rondeur exacte pour estre jettées en moule, & d'estre de moindre pris és lieux des Forges: Et si elles n'estoient cassantes elles seroient sans contredit preferables à toutes, Le moule se fait auec vne demie Virolle d'essein tournée au tour, auec toute justesse pour auoir le fer fondu de mesme rondeur & espaisseur. Pour faire le concaue & le dedans du bois où on les met tres justes à leur rondeur, espaisseur, & longueur. On se sert d'vn instrument, que j'appelle Compas, pource qu'il a ses deux pieds attachez non seulement comme les communs, mais perpendiculairement à vn troisiéme bois. Le pied immobile est vn Cylindre, qui entre dans le concaue du Tuyau, le remplit & y demeure. Et c'est à l'entour de luy, mis dans le trou L. R. que l'on fait tourner le corps A.D.E.P. & auec luy vn instrumẽt de bon acier, L.D.B.A C.N.

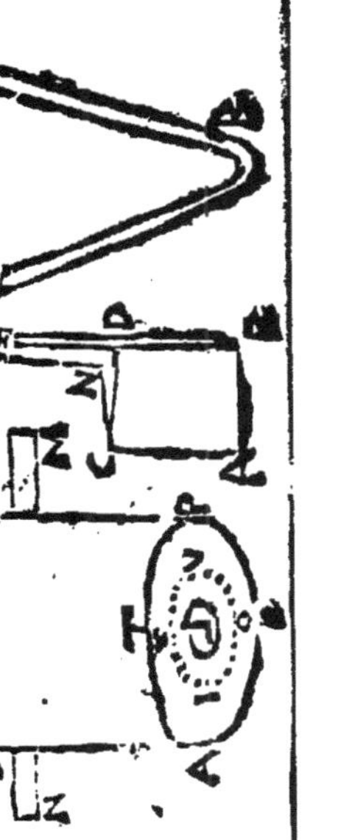

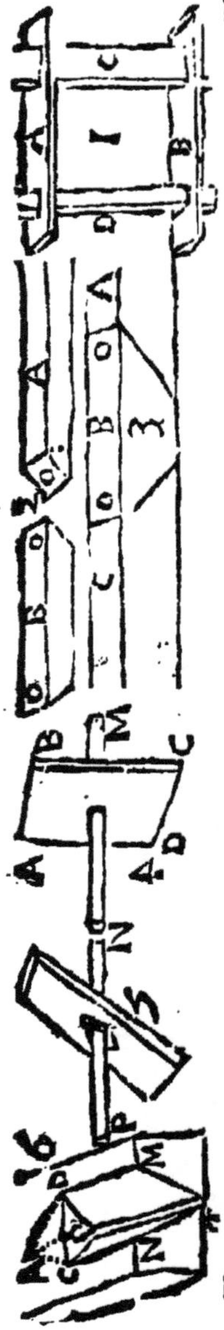

qui luy est fortement attaché en la distance que l'on desire auoir le lieu de l'emboiture laquelle est adjustée au Semidiametre des Virolles. Cét instrument qui fait le pied mobile du Compas, à des dents en A. B. comme vne Sie, pour faire en tournant ouverture dans le bois, & place à la Virolle; il va croissant en espaisseur depuis A. B. Il peut seruir à faire la partie concaue & conuexe des Tuyaux qu'on emboite l'vn dans l'autre; Ces Virolles ont pour desauantage d'estre sujettes à la roüille comme les autres: Elles se cassent effectiuement, quand les Tuyaux changent de situation & plient, ou quand on les force à entrer dans des concauitez de moindre espaisseur que la leur. Et quand elles sont cassées on ne peut les retirer. Deuant que de les joindre on met vne Virolle tres chaude dans l'ouverture preparée; afin de secher le bois, & luy oster toute humidité, & puis l'ayant retirée on trempe vne autre Virolle dans du Mastic, on en met la moytié dans vn Tuyau, & puis on pousse dans l'ouverture de l'autre Tuyau l'autre moytié. Et mesmes deuant que de les joindre on met vn peu de linge trempé dans le Mastic à l'entour de ce milieu pour mieux boucher tout passage à l'eau.

VII. *Pour les Virolles de Plomp;* L'vsage en est trop rare. Il ny á rien plus facile que de faire vne incision & entaille dans le Tuyau jusques à l'ouverture preparée pour receuoir les Virolles, de chasser l'humidité du bois en la maniere d'escrite, & puis verser & faire couler le plomp fondu dans vn tel vuide: Ce qui seruiroit grandement à remettre vn Tuyau sain à la place d'vn gasté, n'estoit que le plomp en se refroidissant se retire & retrecit, & partant ne remplit pas toute la place vuide: Si toutesfois il ne se retrecissoit que vers le haud dans l'entaille, on pourroit en esperer quelque succés. Si on craint que versant le plomp fondu dans le vuide des Tuyaux joints ensemble, il ne coula dans le dedans des Tuyaux, on peut trouuer vn remede & vn empeschement, soit joignant les Tuyaux exactement, soit y mettant quelque corps attaché auec vn filet qu'on ostera par apres.

VIII. *La couppe des Tuyaux;* Deuant que de joindre les Tuyaux il leur faut donner vne couppe qui les fasse joindre totalement & en parfaite conuenance, soit de la concauité & du vuide, soit du plein & du solide, la figure 4 & 5. peut seruir à cette fin où P. M. est vn Cylindre de la grosseur de la concauité du Tuyau qui yentre. La planche A. B. C. D. sert pour monstrer la couppe perpendiculaire à la ligne du dedans du Tuyau, qui est la plus ordinaire: car on void auec vn Compas ce qu'il faut oster d'vn costé du Tuyau pour faire vne surface perpendiculaire au Cylindre, & par consequent à la longueur percée. Et d'autant qu'on est obligé quelquefois de percer le Tuyau obliquement; i'y ay adjousté l'autre figure N. M. qui est pour monstrer la couppe oblique des Tuyaux pour les joindre en parfaite correspondance.

IX. *La Ionction des Tuyaux de Terres;* On les vnit ou par l'emboiture de l'vn dans l'autre auec Mastic, ce qui est ordinaire; ou par vn Tuyau court & plus ample, qui couvre les deux extremitez des Tuyaux joints; comme on peut voir és Tuyaux A. B. C. qui sont couverts en leurs jointures E. D. par des autres plus amples & courts, E. & D. ce qui peut seruir en diuerses rencontres: Neantmoins rarement.

§. 8. *Des Mastics ou Cimens propres à joindre les Tuyaux de Boïs, & de Terre cuite.*

I. PAr ce nom de Mastic ou de Ciment, ie n'entend pas ces corps pris simplement: mais le composé qui s'en fait pour coller les Tuyaux, & remplir le vuide; Car comme le mortier est vn mixte artificiel, fait de la Chaux desteinte, & liquide qui sert de colle, & de Sable pour la rendre plus forte; aussi nostre mixte doit estre composé d'vne poussiere pour tenir lieu de corps, & d'vne liqueur gluante, pour seruir de colle onctueuse ou huileuse pour resister à l'eau, & n'en estre iamais dissoute: Et d'autant qu'on fait deux sortes de composé propre à joindre les Tuyaux fortement, & remplir le vuide, & resister à l'eau, l'vn chaud, l'autre froid, pour distinguer j'appelleray celuy qui se fait à chaud le Mastic, celuy qui se fait à froid le Ciment. Pour réussir en l'vn & en l'autre, on doit bien connoistre & pratiquer quatre points; Le 1er. est, de choisir la matiere, c'est à dire, les ingrediens qui le composent. Le 2en. d'en sçauoir la dose & la proportion. Le 3e. d'en faire le meslange. Le 4e. d'en faire l'application.

II. *La Matiere;* Il faut chercher pour corps vne poussiere qui soit perpetuelle en durée, forte & dure en consistence, pleine en soy, & nullement attractiue de l'eau. Et pour colle vn corps qui soit liquefiable pour pouuoir se mesler auec tous & chacun des grains de poussiere & penetrer dans tous les pores, & gluante pour s'y attacher fortement, antipatique à l'eau pour n'en estre aucunement alterée, dissoute ny corrompuë. Pour le corps ie tay, c'est à dire, les morceaux des Tuyaux, des pots à beurre, de l'escume de fer, des verres, de la laitance qui sort des fourneaux à Geuse, pilez & tamisez y sont propres. Les Tuilles & Briques ne le sont pas, soit pource qu'elles sont attractiues de l'eau qui monte dans elles éleuées sur de l'eau, soit pource que ces corps ne sont pas bien cuits, si bien les briques des vieilles cheminées, qui ont souffert long-temps le feu, qui deuiennent attractiues du fer comme l'Aiman. La tuille pilée & sechée est bonne pour le Ciment à froid, pource qu'elle attire dans ses pores la colle, & se l'attache: Elle conuient en matiere auec la brique, & differe en cuisson comme elle conuient en cuisson auec les Tuyaux, & differe en matiere.

III. *L'autre partie qui fait la Colle*; Et comme l'ame & l'esprit de nostre Mastic ne peut estre, que ce qui sort ou des Arbres resineux, qui sont les poix & les resines, ou des fruis des Arbres qui sont des huiles, ou des fleurs, & des plantes qui sont des Cires, ou des animaux qui sont des graisses. Ce sont ces quatre sortes de corps seulemēt, qui semblent auoir les conditions mises cy deuant; Desquelles ie tiens les deux premiers plus permanens & perpetuels, car les deux autres venans des animaux sont sujets aussi bien qu'eux à la corruption. La Cire reçoit sa derniere perfection de l'Abeille aussi bien que le Miel: comme aussi l'experience a fait voir ces deux sortes de corps apres vn long temps corrompus, & par eux l'vnion des Tuyaux: ce qui me fait blasmer ceux qui en font entrer dans la composition du Mastic du moins ceux qui le font en quantité. Pour les deux premiers corps, faut sçauoir qu'entre les Arbres les vns portent vne liqueur onctueuse, & contraire à l'eau en leurs fruits, tels sont les Oliviers, les Noyers, les Fousteaux qui portent de la Fayne, dont on fait en plusieurs endrois vn huile excellent; Les autres ont cette liqueur dans leurs branches, & comme vne feve. Ces Arbres sont nommez Resineux, qui sont le Cedre, le Poix ou Cedria, le Sapin, le Farix ou Melisse, le Pin ou Pinier, le Theda, le Passe ou Terebentine. La liqueur qui en sort estant plus terrestre, que l'huile est aussi plus espaisse, & plus propre à faire vn corps liant par son onctuosité & fort par la consistence. Elle sort en trois façons, La 1e. sortie qui se fait par la seule vertu de l'Arbre est la Terebentine, c'est la plus liquide de toutes: La 2e. vient par incision, & est appellée la Resine: La 3e. la plus espaisse de toutes, sort à force de feu des estelles arrangées comme on fait le bois pour auoir du Charbon. De chacune il y en a diuerses especes selon la diuersité des Arbres. Les Gommes qui viennent des autres Arbres, les vnes sont acqueuses & se dissoluent dans l'eau, comme sont les communes & celles d'Adragan, & celles-cy ne sont propres à nostre dessein: Les autres sont huileuses & se dissoluent dans la Chaux l'huile, & l'eau de vie rectifiées comme le simple Mastic la gomme Laque, la Sandarague, *&c.* desquelles dissoutes on fait le vernis de la Chine, d'où il faut conclurre que les poix & resines doiuent estre les ingrediens de nostre Mastic composé; pource qu'elles se peuvent fondre, à cause de l'huile qu'elles contiennent, estans estant fonduës s'attacher à des corps forts, tels que sont les poussieres susdites, estans attachez se remettre en consistance bien plus forte qu'auparauant, & ayant cette consistance en vne matiere onctueuse empescher l'eau de passar & d'agir contre elles.

IIII. *La dose & la proportion des parties qui composent le Mastic*; Les Maistres Fontainiers sont assez de diuers sentimens, non seulement pour les ingrediens, mais encore sur la proportion & quantité de chaque partie. Tous font la resine le principal & le maistre ingredient, qui prédomine à tous les autres qu'on luy adjousté pour corriger vn naturel cassant qu'elle à. Et d'autát qu'elle le perd dans le mélãge auec des poussieres fortes; Quelques vns se cótentét de la méler auec le tay; D'autres adjoustent à la resine la 7. partie de Poix, d'Alcancon où de Gauderon auec la 40e. de Cire; & pour le corps la poussiere des Tuyaux cassez auec celle de verre pilé. D'autres y mettent du suif de l'huile de noix auec de la Terebentine, *&c.* Et pour la dose, les vns mettent le double de possieres seche sur les simple de la liqueur onctueuse: Les plus larges le triple, les plus estroits le simple. Cela dépend de la vertu differente de resines & de l'experience. L'Espreuue se fera quand les Tuyaux joints auec vn tel Mixte seront si fortement vnis, que deux hommes les tirans à termes contraires ne pourront les desunir. Et de ceux qui ont cette force & la plenitude ie prefereray ceux qui se font auec vne façon plus simple & des ingrediens plus communs. Pour la dose ie n'ay encore trouué personne qui me l'aye determiné qu'à peu prés seulement: Il faut voir les expers, & les manieres que l'on tient non seulement aux Tuyaux mais à joindre les bois dans les Nauires & Batteaux pour empescher toute entrée à l'eau, les moyés diuers de rejoindre les pieces de vases de Fayence, de verre, & autres esquelles on se contente de mettre vn peu de liqueur gluante pour remettre au juste telles pieces, & que l'on peut employer icy.

V. *Le meslange des parties qui composent le Mastic*; Deux conditions sont requises pour rendre leur vnion parfaite. La 1e. que la poussiere, qui ne doit estre impalpable & trop subtile. (Car tant plus elle est forte, tant plus elle peut-estre grossiere) soit tres-seche & exempte de toute humidité, & que la resine soit liquide, & mesme boüillante: pource que la secheresse de la matiere la rend capable de l'vnion, & la liquidité de la resine la fait joindre fermemét auec tout ce qu'elle touche, & entrer dans les pores. La 2e. est, Quand la resine & la poix sont tellement fonduë, qu'elles n'enfllent plus de verser petit à petit & également sur toute l'estenduë de cette liqueur la poussiere; & en mesme temps remuer le tout auec vn baston, jusques à ce que tout soit versé, & puis continuer à mouuoir le tout jusques à ce que rien n'escume.

V. *L'Application du Mastic*; De la part du Tuyau qui doit receuoir le Mastic, il ne doit auoir ny humidité aqueuse, ny graisse, ny poussiere, ny froideur: pource que le Mastic qui est de sa nature onctueux & huileux ne se prend iamais auec l'humidité; Il s'attache à la graisse & aux poussieres immediatement. & au Tuyau mediatement. De plus il ne penetre point les pores d'vn Tuyau froid; C'est pourquoy on le seche devant, on le nettoye, on luy oste les parties facilement separables du tuyau & on l'eschauffe. Il faut mieux l'eschauffer auec chaleur de charbon ou d'vn fer rouge, qu'auec vn feu de flâme, pource que cettuy-cy laisse apres soy de l'huile, & si on brûle du papier contre du fer, on trouuera le fer deuenu vn peu gras; On appelle cette graisse l'huile du papier. Que si l'on veut appliquer le Mastic sur du bois, il faut tellement l'échauffer que toute l'humidité en soit bannie: autrement le Mastic ne s'y attacheroit pas. De la part du Mastic, qui doit estre appliqué, il faut qu'il soit liquide, chaud & remué, pource que sans tel mouuement la poussiere va au fond. On l'applique tant sur la partie cõvexe d'vn Tuyau, que sur la partie concave de l'autre, afin qu'il s'attache mieux à l'vne & à l'autre surface. Et s'il est trop chaud ou trop coulant, on le tourne jusques à ce qu'il soit vn peu refroidi & rassis, & qu'il y aye vne sorte de consistance capable de changer au mouuement suruenant. Car en emboitẽt vn Tuyau garni de Mastic, dans l'autre on luy fait faire vn ou deux tours; afin que le Mastic qui fait ce mouuement remplisse tout le vuide qui s'y pourroit trouuer. On a vn fer terminé par vn bouton: c'est à dire, vn corps rond: vn pommeau d'vne espée y peut seruir que l'on met tout chaud dans le Tuyau pour oster le Mastic qui seroit coulé dedans, & pour l'aplanir vers les jointures des Tuyaux.

VI. *Pour joindre les Tuyaux de bois par Virolles*; La place estãt preparée en l'vn & en l'autre Tuyau, on met au préalable dans chacun vne Virolle tres-chaude, & on l'y laisse quelque temps pour en chasser toute l'humidité qui y pourroit rester. Apres quoy on trempe celle que l'on y doit mettre dans du Mastic coulant & tout chaud: On en fait entrer la moytié dans le Tuyau déja placé; Apres quoy quelques vns adjoustẽt à l'entour vn petit linge ou de la filasse trempée dans le Mastic pour ne laisser aucun vuide, & s'en asseurer d'auantage. On applique dans la concauité preparée, en l'autre Tuyau l'autre moytié qu'õ y fait entrer auec de grands coups de maillets. On considere si le Tuyau mis à par tout son appuy & son support conuenable pour le luy donner, & y remedier s'il y auoit quelque manque.

VII. *La jonction des Tuyaux de diuerse nature & espece par ensemble*; Ceux de terre se joignent aisément auec ceux de plomb, & de mesme façon, qu'auec les autres de terre, pource qu'à tous deux le Ciment s'attache fortement, & ceux de plomp peuvent receuoir la figure requise pour s'emboiter dans ceux de terre. La difficulté est d'vnir ceux de bois, soit auec ceux de terre, soit auec ceux de plomp. A quoy ie répond qu'on en donne trois façons. La 1e. est par le moyen d'vne virolle de fer, qui s'attache en partie au bois, y entrant dans la concavité preparée, & adjustée, & au Tuyau de terre le contenant estroitement par le moyen d'vn fort Mastic appliqué, tant sur l'vn que sur l'autre, puisque tous deux en sont capables. La 2e. est, Par le moyen d'vn troisiéme Tuyau de plomp, qui entre dans l'vn & dans l'autre Tuyau de bois & de terre. Il est joint auec le Tuyau de terre par Mastic, auec celuy de bois ou par Mastic ou par le moyen d'vne plaque Perpendiculaire au Tuyau de plomp, & soudée auec luy, laquelle est fortement attachée & auec de bons clous, à la largeur & au plein du Tuyau, entre lesquels on met vne toille cirée & eschauffée, ou vn feutre. La 3e. est, d'attacher immediatement le Tuyau de terre par Mastic auec celuy de bois, quand le bois à l'endroit où il doit joindre la terre est tres-sec, c'est pourquoy pour luy oster toute humidité on la fera sortir, l'eschauffât jusques à la brûlure exclusiuement, pource qu'estant tres-sec il est capable de receuoir & s'attacher au Mastic, lequel est incompatible auec toute humidité aquée, & estant vne fois bien attaché resiste à l'eau côme l'on peut voir és Navires & basteaux qui en sont garentis par ce moyẽ. On fait des Tuyaux de deux pieces expliquez en la p. 81.

VIII. *Application des Tuyaux*; Le tout consiste à preparer le chemin jusques à terre ferme; à cause qu'il doit estre en son fond immobile, particulierement pour les Tuyaux de terre, qui ne peuvent soûtenir vn fardeau tant soit peu pesant sans plier, ny plier sans se rompre. Le chemin doit estre adjusté à la longueur des Tuyaux, c'est à dire, droit comme eux, pour les supporter par tout également: & si tel fond est mobile il le faut affermir auec des pieux: S'il y faut adjouster de la terre elle doit estre bien pressée & battuë. Les Tuyaux estant posez sur vn tel fond on y applique du Conroy ou du Mortier, garnissant le tout d'vn costé & d'autre auec des pierres pour maintenir le Tuyau en vne situation ferme, & constante de tout costez. On couvre les Tuyaux de terre, de pierres plattes supportées sur des petites meurettes. On entoure les Tuyaux de plomp de filasse trempée dans le Mastic, ou de terre argilleuse pour les empescher d'estre corrodez par le salpetre de la terre. On les éloigne tous tât que l'on peut des racines des Arbres pour empescher en dedans toute naissance de queuës de Renard, à cause que les racines s'insinuent dans les moindres pores, par lesquelles l'humidité vient, qu'elles attirent puissemment comme leur nourriture.

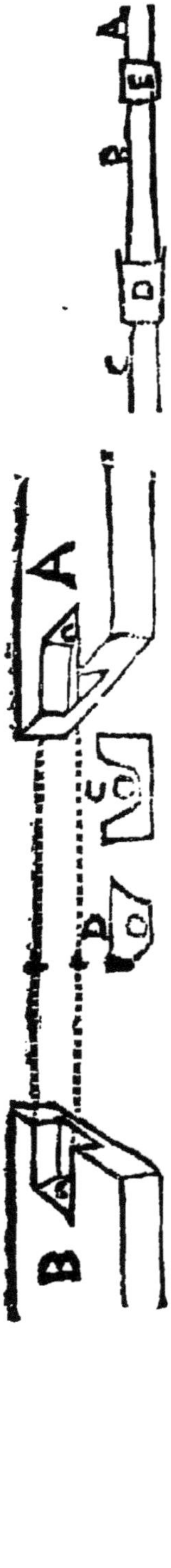

IX. *Le moyen de remettre à la place d'vn Tuyau rompu, cassé, ou gasté, vn autre sain & entier* ; Ceux de plomp sont les plus aisez de tous à raccommader ; pource que leur vnion qui consiste à la soudure est tres-aisée, & connuë de plusieurs : les autres ont bien plus de difficulté. Pour ceux de terre il y en a de deux sortes : Les vns qui ont vn rebord ou bordure à trois pouces enuiron de l'extremité de la partie conuexe qui sert pour arrester le Mastic. Les autres sont sans vn tel rebord sont nommez coulans, & seruent pour estre révnis à la place des brisez, à cause qu'on peut les faire entrer d'vn costé plus auãt qu'il ne faut, puis les ramener & les faire entrer dans le Tuyau de l'autre costé, autant qu'il faut, & le joindre auec vn Mastic. Si les Tuyaux C. B A. sont de mesme grosseur on peut les jondre si bien par ensemble, que l'vn cõtinuë auec l'autre, & alors vn troisiéme Tuyau D. ou E. plus large qui les contient tous deux en telles extremitez y estant joint auec Mastic seruira de lien pour les retenir en vniõ. D'autres réjoignãt les pieces d'vn Tuyau rompu, les collent auec vn Mastic clair : puis trempant vn linge dans le Mastic commun en reuestent tel Tuyau brisé & chaud pour le coller estroitement auec toutes les pieces rejointes, & les conseruer en leur jonction. Pour les Tuyaux de bois, & pour en substituer vn bon à la place d'vn gasté, voicy diuerses façons. 1. Pour oster le Tuyau gasté & inutile, on le couppe obliquement vers le milieu, puis on separe les pieces & extremitez qui joignent les bons Tuyaux doucemét auec vne hache ou autre instrumét. 2. Tous se remettét difficillement en vn lieu marescageux, & couuert d'eau : c'est pourquoy tant qu'on peut il faut éuiter tels endrois pour chemin. 3 On leue doucement les autres des deux costez, jusques à ce que les deux extremitez soient suffisamment distantes pour receuoir le nouueau entre-deux auec les Virolles, & puis on les remet & on les approche doucement, y faisant entrer les Virolles. 4. On joint entre deux anciens vn troisiéme Tuyau à la place d'vn vieu le plus justement que l'on peut, dans lequel comme aux deux contigus on a fait vne entaille pour faire couler du plomp dans la concauité faite pour receuoir les Virolles dans les deux Tuyaux anciens & dãs le nouueau contigu : ce que l'on fait apres auoir bien seché les concauitez. Et pour empescher le plomp de tomber dedans on y met vn corps attaché auec vne fisselle qu'on retire par apres en la maniere qui se dira pour nettoyor les Tuyaux. 5. On fait des entailles ou mortaises dans l'extremité des deux Tuyaux anciés A. & des tenons ou parties cõvexes dans l'vne & l'autre extremité du nouueau ; de sorte que les cõvexitez D. de l'vn conuiennét parfaitemét aux concauitez C. des autres, sans y laisser aucun vuide Car les appliquã. de la sorte auec vn peu de Mastic clair, & mesme les liant auec des estriers de bois tels que la figure 1e. de la marge 86. represente, cōme les cercles retiennent les doüelles, & pieces de bois, qui cōposent les Tonneaux. Ces entailles peuuent estre de diuerse façon, comme on peut voir és figures 2. 3. & 6. de la page 86. On en peut inuenter d'autres. On peut mettre sur telles parties entaillées & biē seches du Masticclair, & mémes afin que rien ne coule dedans on peut y mettre vn linge delicat, trempé dans le Mastic, & couppé comme il faut pour arrester tout, & empescher que rien ne coule. Si les tonneaux, les seaux, les cuues, les Nauires, les Batteaux fais de plusieurs pieces, tiennent le vin & autre liqueur par la pression des cercles, pourquoy n'aura-on pas icy le méme effect? 6. On peut joindre vn Tuyau nouueau entre & auec deux anciés de mesme façon que les Tuyaux de terre, si on les emboite l'vn dans l'autre, en la maniere que la 2e. figure de la Marge 84. represente: pource qu'on peut les auancer & reculer autant qu'il en est de besoin. 7. Pour faire les mesmes couppes dans les Tuyaux, & pour adjuster les concauitez auec les conuexitez, la 5e. figure y est tres-propre, expliquée au §. 7. n 8. Les couppes à l'Angle 45. ou d'estrieurs ont besoin de cheuilles pour estre retenuës ou d'estrieux.

§. 9. *Les diuerses pieces que l'on doit adjouster aux Tuyaux.*

D*E leur nombre*; Ie les reduis à cinq sortes, dont deux sont pour les deux extremitez. sçauoir est, pour le commencement & pour assembler les eaux, & leur dōner entrée dans les Tuyaux, & pour la fin pour les faire sortir, & s'en seruir diuersement: Les autres trois sortes sont pour les entre-d'eux; l'vne est pour les lieux où les Tuyaux se rencontrent en haut, & font vn Angle pointu vers le haut: l'autre pour ceux, où ils concourent en bas, & font vn Angle, qui a sa pointe en bas; & la troisiéme pour diuers endrois en certaines rencontres & occurrences. On nomme ces pieces fort diuersement en diuers pays & par diuers Fontainiers, comme les premieres pour receuoir l'eau, & la faire entrer dans les Tuyaux, sont dites Cisterneaux, Bassins, Reseruoirs, Maisonnettes, Coffres, Auges, Reposoirs, la mere Source, la Source commune. Les secondes qui reçoiuent l'eau sont dites Bassins; Les trois autres des Regards; le premier mis en haut est nommé Superieur, Souspiral, Euental, Ventouse; & si l'eau y est à decouuert Reseruoir; Le second est dit Inferieur, vne deschargé, vn deschargeoir. Le troisiéme vn Regard simplement, ou metoyen, les noms que ie leur donneray au tiltre de chaque piece, seront ceux dont ie me seruiray. Le tout consiste à bien connoistre la fin de chacune. & de luy donner la matiere, la forme, la figure & la situation conuenable à telle fin. Par le mot d'Angle j'entend vn des points plus haut, partant si le plus haut Tuyau ou le plus bas est de niveau, on peut appliquer la piece sur tel point d'vn tel Tuyau qu'on jugera conuenable.

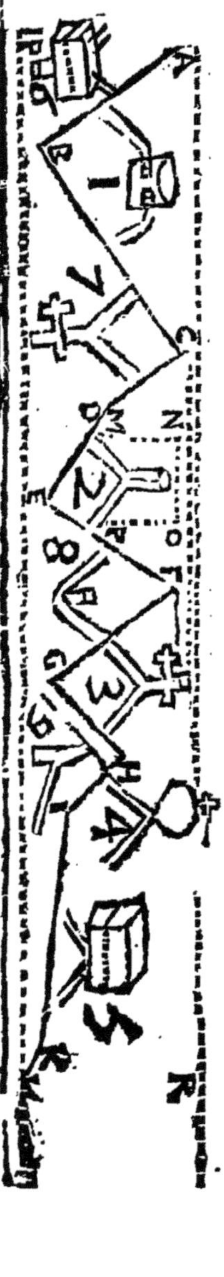

II. *Leur necessité;* Si les fins sont necessaires à la conduite des Eaux. Les pieces qui en sont les moyens le seront aussi. La necessité des quatre premieres est assez éuidente; Car pour les deux premieres il y en a autant qu'il y a de commencer & de finir le cours & la conduite d'vne eau, & de tout ouurage. Pour les deux suiuantes, c'est dans les lieux les plus éleuez, & les plus abbaissez, où d'ordinaire se rencontrent les empeschemens du cours de l'Eau; & partãt où il faut mettre les remedes. La cinquiesme piece n'est necessaire, qu'en certaines occurrences, que diray cy apres, la figure en presente des façõs differentes pour choisir.

III. *Leur application;* Les deux premieres pieces sont d'ordinaire visibles: Les trois autres sont cachées dans la terre. Et pour chacune desquelles on laisse vn petit espace terminé par 4 petites murailles qui sont couuertes d'vne pierre plate, & forte, qu'on pourra leuer à discretion. Le tout est couuert de terre: afin que le Fontainier aye le moyen de visiter telles pieces, de les reparer si elles manquent, de s'en seruir selon leur fin & vsage, & qu'il ny aye que luy qui en doit respondre, qui puisse les visiter: Et si vn autre le fait que se soit par son ordre: Autrement il y arriueroit beaucoup de desordres. Pour entendre ce traité, il doit estre leu auec celuy qui suit des empeschemens qui se rencontrent dans les Tuyaux sur le cours de l'eau, & des remedes qu'on y doit apporter, & qui consistent à ces pieces.

IIII. *Du Cisterneau & de la mere Source;* Le bastiment fait pour contenir la mere Source est meritoirement appellé vn Cisterneau: pource qu'en effet c'est vn bastiment, qui a la méme structure & composition, & le mesme effet que les grandes Cisternes, desquelles j'ay traité cy deuant, & ne different de celles-cy qu'en grandeur, & en quelques circonstances. Les murailles sont de pierres jointes auec de bon Cimẽt pour mortier, qui ny doit point estre repargné, fondée sur la terre ferme tant que faire se peut, & sur le conroy naturel plûtost que sur l'artificiel. La forme est quarrée ou ronde, & si la Source est ample de 5. à 6. pieds de hauteur sur le niveau de l'eau, auec vn rebors de pierre sur le méme pour pouuoir aller tout à l'entour; Le tout doit estre voûté & couuert de pierres plates. Le dehors doit estre reuestu d'vn bon conroy pour empescher dauantage les approches des Eaux estrangeres. D'ordinaire on se contente d'vn bastiment bien plus petit, sçauoir, d'vne grandeur suffisante pour pouuoir y porter la main par tout le dedans, y pratiquer tout ce qui est necessaire, & remedier à tout. La porte doit fermer à clef, & si justement que les Coleuvres & autres animaux attirez par l'humidité ny puissent entrer, quand on y devroit faire vn chassis. On y fait du moins trois ouuertures: l'vne par où l'eau ramassée entre: Cette cy n'est pas necessaire quand la Source pousse du bas en haut, soit en pique soit en boüillons dans le contenu du Cisterneau. La seconda est pour donner l'entrée à l'eau dans les Tuyaux. La troisiéme est pour descharger les eaux par trop abondantes, & les faire sortir hors du Cisterneau: C'est pourquoy on la met à la hauteur, en laquelle on veut borner les eaux qui doiuēt entrer dans les Cisterneaux. On doit s'efforcer tant que faire se peut que rien n'entre dans les Tuyaux que l'Eau toute pure: Pource qu'il est bien plus aisé d'empescher l'entrée dans les Tuyaux à des corps estangers, que de les faire sortir estans entrez. Et premierement pour celle qui entre dans la mere Source, elle doit venir par Tuyaux, ou par nocs fōdriers couuerts, ou par mureres couuertes, non seulement de pierres plates, mais encore de bon conroy pour empescher les eaux de pluies de s'y mesler, qui sont boueuses pour auoir esté détrépées auec la terre. *tent.* Pour faire que l'eau pure entre dans le premier Tuyau, on a coustume d'y mettre vne boteille, ou pomme, ou grille percée de toute part des trous si petits qu'il n'y aye que l'eau, qui y puisse passer librement; tant plus il y en aura, tant plus d'eau y entrera. On doit la pouuoir oster & remettre, & on le doit faire de temps en temps pour la nettoyer & pour oster les ordures qui s'y attachent. On en peut mettre vne grosse dans vne petite, pour s'asseurer toûjours dauantage de la pureté de l'Eau. Le Tuyau qui reçoit le premier l'eau, ne doit estre ny au fond du Cisterneau où descendent les terrestreires, ny à la surface de l'eau, ou les ordures legeres s'y trouuent, & où l'eau participe plus du temperemment de l'air, estant tantost chaude tantost froide: mais vers le milieu; & pour le pouuoir faire ie presente icy vne figure où il y en a quatre. La 1e. la 2e. & la 3e. sont trois sortes de façons de faire entrer l'eau dans le 1er. Tuyau, par quel endroit que l'on voudra de la mere Source, comme par le milieu, quoy que ce soit l'eau de la hauteur de la surface, qui donne la pente, ce qui fait que ny les corps legers, comme sont les vens & les airs ny peuuent entrer, à cause que l'entrée est basse & bien auant dans l'eau; ny les plus pesans, à cause que l'eau y doit monter. La 4e. figure monstre la boteille trouée de tout costé, qui ne doit estre oubliée. Si on met dās le Cisterneau du sable net, par lequel l'eau sera obligée de passer, elle en sera plus nette, & deposera ces immondices: C'est pourquoy il faut nettoyer de temps en temps, & les boteilles & le sable, comme on fait pour les Cisternes.

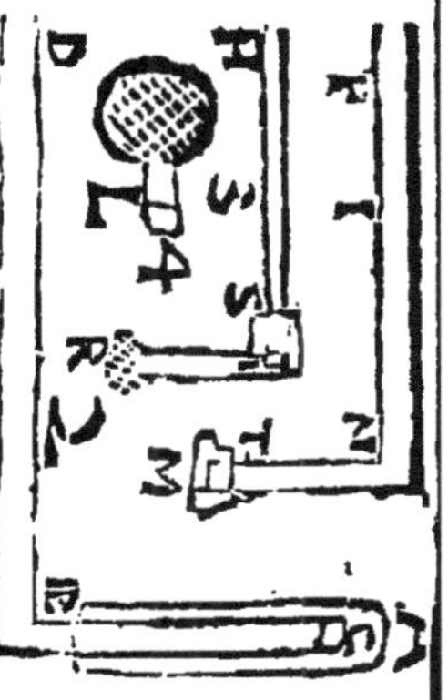

V. *Des descharges qui se mettent és Angles inferieures, que les lignes*

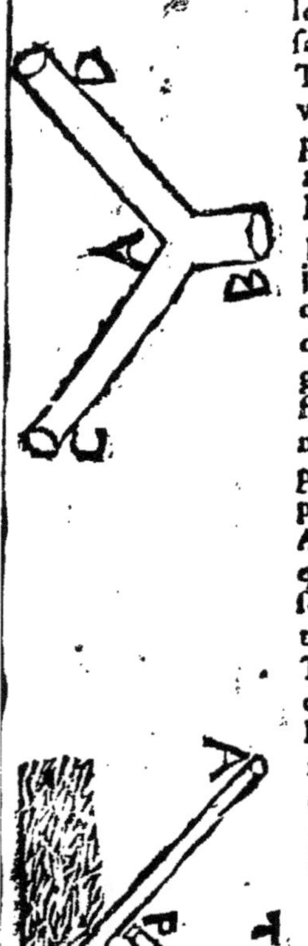

des Tuyaux font en bas; La raison & l'experience nous enseignent que les ordures terrestres vont descendant en bas, soit par leur propre pesanteur, soit par le mouuement de l'Eau, soit par la pente droite des Tuyaux; Où estant arriuées elles s'y arrestent si vn mouuement trop viste de l'eau ne les entraine, & ne les fait monter. La mesme experience nous apprend que ces ordures descendantes viennent tellement à se multiplier en bas, qu'elles empeschent en tout, ou en partie le cours de l'Eau. Ce qu'estant c'est au Fontainier à y mettre quelque piece: c'est à dire, quelque vase pour les y faire tomber, & les y retenir jusques à ce que de temps en temps il les fasse sortir, ie les nomme décharges, ou déchargeoirs: pource que les ordures s'y vont rendre & décharger; Cette piece se fait diuersement. Les vns se contentent d'vn gros Robinet: mais outre que par là on ne donne pas vn receptacle inferieur, pour y faire tomber les ordures & les y arrester, ces instrumens estant chers sont sujets a estre derobez Les autres prennent vne piece de bois, qu'õ trouue dãs les forests assez souuẽt en forme de trepier C B.D. qu'ils percẽt par trois endroits, les deux costez C. A. & D. A. se joignent auec les Tuyaux descendans & montans, & le 3e. A. B. qu'on bouche auec vn tapon, sert à receuoir les ordures & les faire sortir le tapon estant osté par l'eau, qui descendãt, auec force & impetuosité des deux costez & Tuyaux les chasse; Les autres font ces trois Tuyaux en plomp. On peut tailler vne pierre de cette sorte, ou deux que l'on joindra ensemble auec de bon Mastic, ou Ciment. Tant plus le troisiéme Tuyau A. B. descendra droit en bas, tant plûtost les ordures terrestres sans empescher le cours de l'eau y tomberont en passant; d'où elles ne sortiront plus pour remonter dans les Tuyaux; si bien pour sortir entierement, Ce troisiéme Tuyau est fait, soit droit comme il est representé icy, soit en forme de boteille ou autrement. Il le faut vn peu capable.

Si les Tuyaux ont à leur plus bas lieu & à leur rencontre inferieure dessus eux vne Riviere, il est tres-difficile, & mesme impossible d'y mettre vne décharge descendente. On y en mettra donc vne montante, si l'eau n'est pas trop profonde par où remuant fortemẽt on meslera les ordures auec l'eau, qu'on fera sortir auec elle par l'impetuosité de l'eau descendante de plus haut: I'en donne icy vne figure. Si on n'y peut rien mettre il faut faire les décharges d'vne part & d'autre le plus pres qu'õ pourra, & y laissant vn fil de l'estõ, on nettoyera l'entre-deux par l'inuention que ie donneray cy-apres.

Et d'autant que ces décharges sont souuent bien auãt dans la terre, il faudra pratiquer vn Canal par où l'eau boüeuse de la décharge ouuerte sortira, & qui partant sera vne seconde décharge. Ce sont ou des

ou des Canaux à mürettes, qui supposent vn lieu plus bas. Autrement il faudra faire vne concauité remplie de pierres, ou l'eau se perdra.

Des Soûpiraux, Euentails, ou Ventouses, qui se mettent és Angles Superieurs des Tuyaux : C'est à dire, és rencontres des Tuyaux en haut, ou dans le Tuyau qui se trouue le plus haut de tous ; Si les corps terrestes comme les plus pesans que l'eau, prennent le bas dans les Tuyaux : les vens, les fumées, les vapeurs les exhalaisons & l'air, comme plus legers que l'eau se rendront en haut, où ils peuuent empescher ou retarder le cours de l'eau : Partant c'est là, où il faut mettre quelque piece pour les réceuoir, & puis pour les faire sortir entierement. Or comme il y a deux sortes d'eleuation dans les Tuyaux : sçauoir, celles qui remontent jusques à la hauteur de la Source, ou proche, & tant soit peu plus bas, & celles qui demeurent plus bas de beaucoup : aussi y a il de deux sortes de soûpiraux. Car les premiers demeurent toûjours ouverts, pour donner en tout temps sortie à tous les vens, & fumées qui y montent : Et s'ils sont couverts, c'est d'vne sous-pape qui s'ouvre aisement par vn impulsion du vent enfermé, quand il à tant soit peu de force, & c'est lors qu'il peut nuire au cours de l'eau. D'autres mettent vn bassin, qui reçoit l'eau montante par vn costé, & la rend par vn autre aux Tuyaux descendans, comme la figure monstre. Mais ceux-cy perdent autant de pente, qu'ils ont moins de hauteur que la Source ; & de plus n'ont pas toute l'eau que la source pourroit donner, & qu'elle donneroit en tout endroit plus bas. C'est pourquoy les seconds sont toûjours fermez, pour ne perdre ny tant de pente ny tant d'eau, & ne s'ouvrent sinõ lors qu'on en veut chasser les vens qui s'y sont amassez. Les premiers sont bons quand on à de la pente, & de l'eau par excés & à perdre ; Et quelquesfois on y est obligé par la situation des terres ; qui sont entre deux & trop éleuées ; Et si cela n'est pas on peut eleuer vn Tuyau double dans vn pilier de pierre, dans vne Croix auec vne muraille, *&c.* I'ay dis double Tuyau, pource qu'il en faut vn pour faire monter l'eau, & l'autre pour la faire descendre : Les seconds peuuent auoir au haut la capacité cõme d'vne Boteille, pour y receuoir les fumées, & au haut vn Robinet, pour les faire sortir. On en peut voir és figures mises cy-deuant diuerses façons pour choisir la plus conuenables.

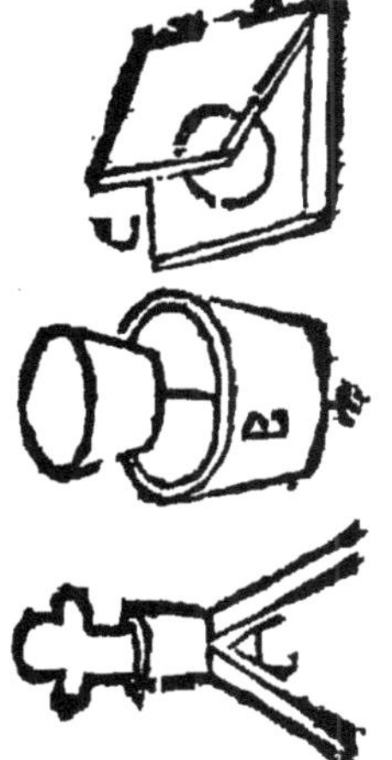

Des autres Regards, que l'on fait dans les Tuyaux és endrois qui ne sont ny les plus éleuez, ny les plus abbaissez ; On dispute s'ils sont necessaires, ou vtiles. Les vns soustiennent que non, & que les pieces precedentes sont suffisantes pour remedier à tous les inconueniens, & empeschemens, qui pourroient arrester le cours de l'eau : Et que de plus, supposé que quelque cas extraordinaire suruienne, il sera aisé de faire vn

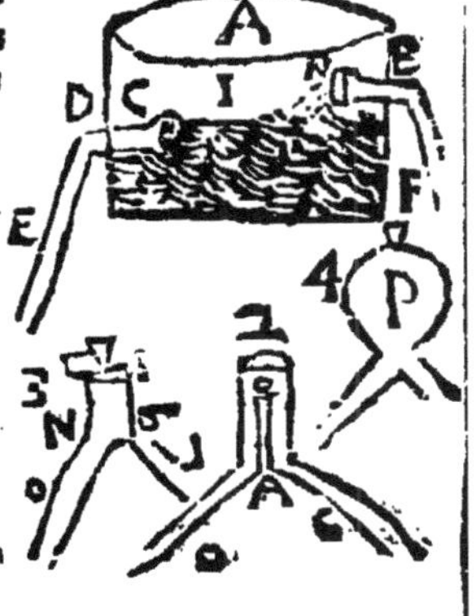

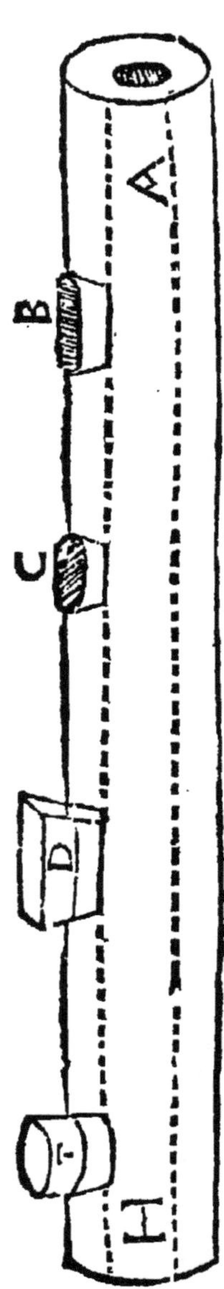

trou à l'endroit où on croit le mal, & le reboucher par apres auec vne cheuille : Ceux que l'on feroient deuant seroient inutiles, soit ne se rencontrant pas au lieu du mal, soit pouuant s'ouurir & nuire. Outre que pour boucher vn trou dans vn Tuyau de terre, il ne faut qu'y mettre vn morceau de plomp à angle, le tremper dans du Mastic, & le faire entrer auec violence pour le tenir ferme eternellement. D'autres maintiennent qu'il en faut pour juger & trouuer le lieu où est la cause du manquement, quand l'eau ne coule pas : Ce que ie croy estre veritable, particulierement aux Tuyaux de niveau, & penchans qui sont extraordinairement lõgs. Ces pieces qu'on y met peuuent estre de trois façons. Les premieres sont les mesmes décharges ou souspiraux que l'on met és angles inferieurs, ou superieurs ; Les 2es. sont des trous, qu'on bouche auec une cheuille, & ausquels on met vn Tuyau éleué verticalement transparent si l'on peut soit en tout, cõme s'il est de verre soit en partie, comme si on met en vn costé du verre, ou du Talque pour reconnoistre l'eau. Si le Tuyau n'est pas transparent come est vne Canne, y mettant vne baguette on connoit l'éleuatiou de l'eau qui y est pai la partie humectée, & par l'eleuation on connoit l'édroit où est le mal. Les 3es. pieces sont dites des Clefs de bois : Par ce mot j'entend vn gros tronc d'arbre percé selon que sont les Tuyaux, au milieu duquel on fait vne ouuerture de longueur de 7. pouces enuirõ, de la largueur de 3. au commencement : Cette entaille ou ouuerture va en retrecissant & amoindrissant jusques à la concavité du Tuyau, où elle n'est que de deux pouces de largeur enuiron. Cette ouuerture est bouchée & remplie d'vne piece de bois adjustée en perfection à la capacité de l'entaille, comme vne cheuille l'est à son trou. On l'y pousse auec force, & beaucoup de coups de maillets. Dessus on y met vn gros poids où on l'arreste par des Estriers de bois si on craint la sortie. Cette piece de bois peut seruir tresbien en tous les regards superieurs, inferieurs & metoyens : pource que 1. on y peut arrester l'eau de quel costé qu'on voudra. 2. On y peut mettre la fiscelle & l'instrument necessaire à nettoyer les Tuyaux, à reconnoistre le lieu du manquement, comme ie diray cy aprés. 3. On la peut fermer & ouurir assez aisément. Elle sert de Robinet & autres pieces qui sont ou plus cousteuses ou plus difficiles à faire, & à mettre, remettre, & conseruer.

VIII. *Du Bassin & des pieces qui seruent à la distribution des Eaux ;* I'explique ce sujet par les points suiuans. 1er. Si on a dessein de rendre toute l'eau de la source à vn certain endroit, on n'a qu'à y continuer les Tuyaux, & la faire sortir par là. 2. Si l'eau n'estoit pas assez abondante on peut par le moyen d'vn Robinet mis, soit au commencement, soit à la fin l'empescher de couler, soit la nuit, soit en tout

autre temps, selon que l'on le jugera plus conuenable, & l'eau croistra dans la source que ie suppose d'vne capacité assez ample pour contenir cét accroissement: Ou bien il faudroit faire vn reseruoir en vn lieu commode, où l'eau auroit encore vne hauteur suffisante, pour de là la faire couler quand on en aura besoin. Plusieurs particuliers seroient bien aises de joüir de l'Eau qui couleroit la nuit inutilement, ou méme le iour sans estre receuë par ceux à qui elle appartient, ce qu'on peut faire par vn Tuyau adjousté en diuers endroits, & que l'on pourroit fermer à discretion. 3. Si on veut la distribuer à diuers lieux cóme l'eau d'vne Ville à plusieurs Carrefours & places publiques: l'eau d'vne grã-de Maison à diuers Offices, & à plusieurs endrois d'vn Iardin, il faut la receuoir au préallable dans vn Bassin ample & capable, & de là en faire la distribution auec vne mesure & vne proportion reglée: Et pour ce le Bassin doit auoir autant de trous differens, qu'il y a de lieux où on veut envoyer de l'eau: Ces trous doiuent auoir trois conditions pour faire vne juste distribution. La 1e. est, de contenir précisement la mesure d'eau, que l'on doit donner à vn tel endroit, comme vn pouce, 10. lignes, *&c.* Et pour obseruer ce point, il faut relire le §. 3. du Ch. 5. où ie monstre la diuerse capacité des trous, & sçauoir que le pouce quarré, duquel il s'agit icy contient 144. lignes quarrées; quoy que le pouce qui en fait chaque costé n'en contienne que 12. ce que l'on peut reconnoistre en la figure. La 2e condition est que ces trous doiuent estre tous d'vne mesme hauteur pour auoir tous la sortie de l'eau dans vne celerité égale, & par consequent dans la quantité reglée & telle qu'on desire: pource que c'est la hauteur differente, qui est la cause d'vne differente celerité, & ensuite d'vne differente quãtité par des trous égaux. Les trous auront cette égalité de hauteur, s'ils sont tous mis ou dans le fond du Bassin A. &c en la mesme surface Horizontale, comme sont L K. H. ou entre deux Parallelles en vne surface Verticale, comme sont tous ceux, qui sont en D. T. C. qui dans vne mesme hauteur par la diuersité de longueur auront vne diuerse capacité & telle que l'on desire donner à diuers endrois: La hauteur de l'eau coulante se doit prendre de celle, que l'eau à dans le Bassin. La 3e. condition est, qu'il y aye ouuerture entre les trous & les Tuyaux dans lesquels tombe l'eau, qui entre & qui la portent en vn lieu designé: pource que on pourroit par vne plus grande bassesse, ou par vne Pompe attirer l'eau, & la faire couler auec plus de celerité par vn mesme trou, & par consequent en plus grande quantité que la juste distribution ne permet. 4. Si on veut preferer quelqu'vn il faut mettre son trou vn peu plus bas que les autres: Car il en aura toûjours auec les autres, & quelque fois sans les autres: sçauoir est, quand les Eaux ne seront

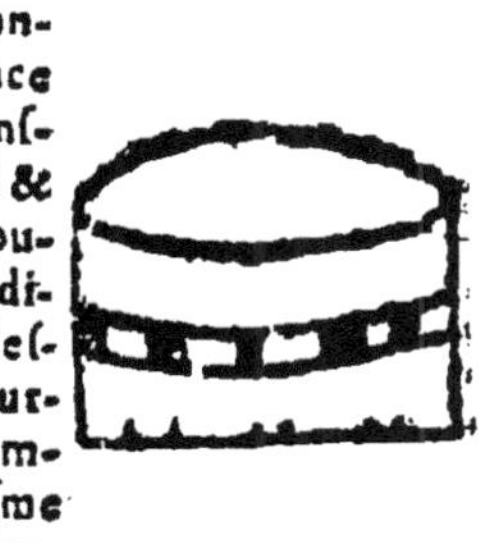

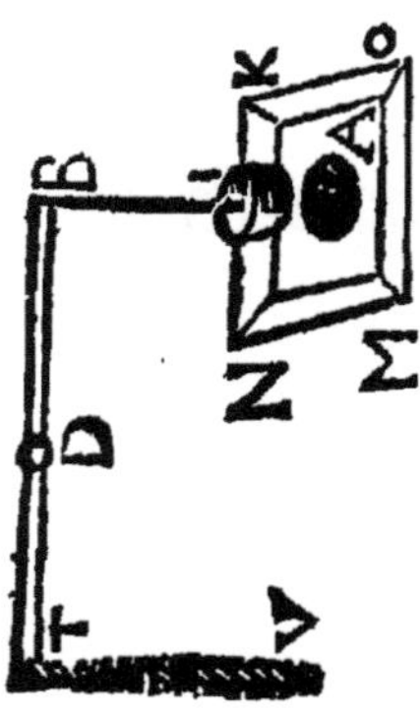

pas si abondantes & seront plus basses dans le Bassin. 5. Si on veut donner à quelqu'vn dans certaine hauteur seulement de l'eau, il faut mettre dans le Bassin vn Tuyau ou scyphon recourbé, qui monte à la hauteur determinée. 6. Si on veut tirer de l'eau de quelque endroit du milieu des Tuyaux, il faut que se soit par vn Tuyau éleué sur eux à la hauteur requise pour ne point donner trop de celerité à l'eau, & n'oster à la hauteur de la Source la force qu'elle a. 7. Si on n'en veut donner à quelqu'vn que pour vn temps, il y faut mettre vn Robinet, qu'on ne laissera ouvert que pour tel temps. 8 L'Eau qui est receuë dans vn Bassin peut seruir à tout endroit plus bas, & y estre conduite diuersement par Tuyaux. 9. Aux lieux publics on a coustume de mettre vn gros Robinet qu'on ouvre quand on veut receuoir de l'eau, & qu'on ferme apres en auoir receu autant que l'on en veut: Mais d'autant que plusieurs peu soigneux du bien public, ne veulent pas prendre la peine de le fermer & laissent perdre l'eau, voicy vne façon qui y remedie. Soit le Bassin qui reçoit l'eau A. C. D. en vn lieu caché & couvert, qui aye vn trou O. se retrecissant vers le bas en forme de Cone retranché vers la pointe, auquel soit attaché le Tuyau O. N. qui dõne l'eau en dehors. Soit sur vn tel trou directemẽt vn corps pesãt P. d'vne figure cõvexe parfaitemẽt adjustée à la concauité du trou O. c'est à dire, en forme de Cone convexe retranché, afin que tõbant dans le trou il bouche entieremẽt, & empesche la sortie de l'eau. Que ce corps P. soit attaché à vne fisselle ou fil d'archal P. H. & ce fil a vne extremité de la longueur H. I. T. qui en forme de deux bras d'vne Balance tourne à l'entour du point immobile L. qui est caché aussi bien que le Bassin. Soit T. l'autre point extréme de la Balance exposé en dehors & à ce point vne cheine T. N. attachée, que ceux qui voudront auoir de l'eau pourront prendre & mouvoir: Ce qu'estant ie dis. 1. Que lors que personne ne touchera la cheine T. V. l'eau ne coulera point, & partant ne se perdra point, pource que le corps P. bouchera le trou O. Ie dis 2. Que iamais l'eau ne coulera que lors qu'on tiendra la cheine T. N. baissée, & par elle le corps pesant P. élevée qui laissera le trou O. ouvert, par où l'eau coulera. Ie dis 3. Que cette industrie peut seruir à des eaux de pluie receuë des tois dãs des Bassins & reseruoirs amples, capables, & mis en vn lieu éleué, car ces eaux descendrõt en tel lieu plus bas qu'on voudra, & en telle quantité qu'on desirera sans autre peine que de tenir la corde T. N. vn peu baissée.

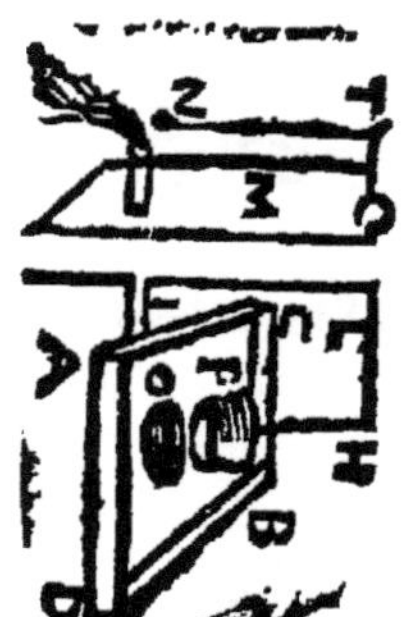

IX. *La diuersité auec laquelle on peut pratiquer la sortie de l'eau des Tuyaux*; Il faut auoir égard aux points suiuans. 1. Pour auoir vn jet d'eau, le plus haut que l'on puisse esperer d'vne Fontaine designée, il faut faire le trou de la sortie de l'eau si petit, que l'eau de la Fontaine remplisse toûjours les Tuyaux jusques à la Source, sans aucune ny diminution, ny empeschement. Pource que c'est la hauteur de l'eau qui est la cause de la celerité, & par la celerité de la hauteur du jet. Partant l'eau demeurant toûjours en la hauteur de la Source qui est la plus grande qu'elle puisse auoir, elle fera le plus grand jet qu'elle puisse faire. Si on élargi le trou on verra l'eau de la Source baisser; Si on l'amoindrit elle s'espanchera. 2. Pour donner aux Eaux des Fontaines mille varietez & figures, il ne faut qu'appliquer à la sortie des Tuyaux des figurez diuerses, telles qu'on les vend à Paris, ou que l'on peut aisement faire: Car l'eau se determinera par là à diuerses extensions & figures. On la verra sortir & se former en Eventail, en Parasol, en Pennache, Rosée, pluye abondante, fleur de Lys, en Estoille, Soleil, &c. 3. On fait porter à l'eau sortante droit en haut vn entonnoir bouché, ou vn Globe concaue, qui dance en l'air sur l'eau; On luy fait mouvoir mille sortes d'instrumens, & mémes par elle on fait joüer des Orgues, chanter des Rossignols artificiels. On la fait tomber en Cascade, en Camelot ondé, en boüillons, &c. On en fait des berceaux d'eau; On la fait sortir par des Carabines, auec impetuosité; On luy fait monstrer vn Arc en Ciel, &c. La pratique se peut voir dans les Grottes & Fontaines qui sont à l'entour de Rome, de Paris, & de tant d'autres Villes celebres.

DES DIVERS OBSTACLES ET EMPESCHEMENS, QVE LE COVRS DE L'EAV REÇOIT DANS LES TVYAVX, ET DES REMEDES qu'on y doit apporter.

CHAP. VII.

C'EST vn plus grand bien de preuenir le mal, & de l'empescher d'arriuer, que de le guerir estant arriué. Et s'il est arriué c'est vn grand principe pratique d'y remedier incontinent lors qu'il ne fait que de naistre sans attendre qu'il soit accreu. Et pour pratiquer ces aduis il ysant connoistre le mal, & le lieu de sa naissance. Ce qui est tres-veritable és Fontaines, que plusieurs quittent & abandonnent au premier manquement, pour ne sçauoir à quel Tuyau se prendre, ny à qui auoir recours pour l'apprendre. D'autres cherchant le defaut sans science, tombent en de nouvelles fautes, rompant les Tuyaux, qu'il ne faut pas, & ne remediant pas à ceux qu'il faut. Les pieces qu'on adjoustent à la Source sont toutes pour prévenir le mal, celles qu'on adjoustent aux Tuyaux sont pour le chasser & faire sortir estant entré.

§. 2. *Les causes de ces empeschemens.*

I. L*E nombre*; Ie dis qu'il y en a 3. dans les Tuyaux, qui sont les 3. Elemens. La Terre, l'Eau, & l'Air: La Terre par ses obstructions; l'eau par sa pression: l'air para sa rarefaction & legereté: L'Eau & la Terre par la generation de quantité d'animaux & de plantes. Et pour le dehors il y a le support dessous trop foible; les surcharges dessus trop pesantes les charretes, & autres diuerses rencontres & les heurts des corps pesans, la nature de certaines terres corrosiue & corrompantes mises à l'entour & les hommes portez par haine, enuie, auarice & autres principes.

II. *L'Entrée de la Terre, & de l'Air, dans les Tuyaux*; Elle est si euidente par l'experience, qu'il ny a que ceux qui n'ont aucune connoissance des Fontaines qui en puisse douter. Car tous ceux qui les gouvernent y trouvent l'vn & l'autre jusques là que les herbes y croissent d'vne longueur estõnante: Les vers s'y enferment, les vapeurs s'y forment: Les Airs s'y retrouvent, & puis en sortent auec bruit & impetuosité: Les immondices s'y arrestent, & s'attachent aux parois des Tuyaux: Ce qui est constant dans les Cisternes, ou quoy que on apporte tout soin pour faire que l'eau de pluie toute pure & nette y entre; si ne peut-on faire qui ne s'y amasse de la vase, qui se prend au parois: ce qui oblige les proprietaires de les vuider de temps en temps, pour les nettoyer. De plus on voit en temps d'Hyuer sortir de telles Cisternes & des puys, des fumées & des vapeurs, comme on voit sortir de la bouche des animaux leur halene. Et si l'Esté on ne voit pas ny l'vn ny l'autre, ce n'est pas qu'il n'en sorte, mais c'est la rareté de l'Air qui nous empesche de voir les vapeurs qui sortent tant des puys que de la bouche des animaux. Et les Fontaines chaudes, salées, minerales, *&c.* monstrent bien vn mélange en elles, & en particulier. 1. Pour l'Air, il est tres-certain qu'il y en a d'enfermé dans les Tuyaux; puis qu'ils ne sont & ne peuuent pas touſiours eſtre pleins. Outre qu'il y a toûjours telle societé entre l'air & les deux Elemens, qui le joignent & touchent, que comme il accompagne la flamme, & monte auec elle par les cheminées, de meſme il accompagne l'eau, & deſcend auec elle dans les ruiſſeaux, où il y a touſiours vn vent qui tend de meſme coſté, & dans les canaux; juſques là qu'on ſe ſert en pluſieurs Forges à Geuſes, au lieu des gros ſoufflets, du vent qui tombe auec l'eau par vn tuyau dans vne capacité, d'où il eſt porté dans les fourneau auec impetuoſité, pource que l'air ſe rarefiant à l'ardeur de la flamme, monte auec elle & en attire d'autre, & ſe condenſant à la freſcheur de l'eau, deſcend auec elle & en attire d'autre. 2. La terre y entre encore; à cauſe que l'eau eſt de ſoy le vehicule des Sels, des Eſſences, teintures eſpris, & meſmes des corps reduis en atomes, comme on les voit en l'air dans vn rayon Solaire qui paſſe par vn lieu ombrageux. Et partant l'eau eſtant chargée de ces corps impalpables entre dans nos tuyaux, & dans le repos ces corps tendent en bas. En effet vous ne verrez preſque aucune Fontaine, où l'eau repoſe, qui ne laiſſe quelque limon, les vnes plus, les autres moins: Les vnes laiſſent és parois de la mere, ſource des immondices: Les autres au milieu comme vne nuée, les autres ſur elles comme des peaux. Enfin les terres ſablonneuſes rendent l'eau plus pure, les minerales engendrent de la roüille, s'attachent dauantage, & laiſſent quelque couleur ſur la terre: Les ſpongieuſes donnent vn petit gouſt à l'eau du Sel terreſtre; les mareſcageuſes de la boüe.

---

§. 2. *Les empeſchemens que les trois Elemens dans les tuyaux apportent au cours de l'eau.*

I. C'EST vne experience, qui n'eſt que trop ordinaire, que les Fontaines, ceſſent de couler, ſans qu'il y aye aucune cauſe de cette ceſſation, ny hors des tuyaux, ny dans le corps des tuyaux. D'où s'enſuit qu'il faut que le manquement ſoit dans la concauité des tuyaux; & il n'y peut eſtre, que par le moyen des Elemens, qui y ſont entrez.

II. *L'empechement de l'eau*; Quand l'eau eſt compriſe dans les tuyaux, elle ne preſſe pas ſeulement les tuyaux qu'elle touche ſelon ſa propre peſanteur: mais encore ſelon la peſanteur de toute l'eau qu'elle a ſur elle, & qui luy eſt ſuperieure. De ſorte que la preſſion croiſt, ſelon que croiſt la hauteur de l'eau: Et ainſi l'eau qui eſt la plus haute, presse de sa pesanteur vne infinité de parties inferieures. Or croissant de la sorte elle fait, 1. Que les tuyaux se rōpent, particulierement ceux de terre, és endroits où ils n'ont pas assez de resistance. 2. Que l'eau contenuë & pressée de l'eau superieure, & pressante les costez des tuyaux, passe par des petits pores, par où elle ne pourroit passer sans vne telle pression. Ce que l'on reconnoit assez par experience és tuyaux plus bas, que l'on troune humectez par dehors; ce qui n'est pas en ceux qui sont en haut, & n'ont pas la pression si grande. Car d'vne part tous les mixtes sont presque tous poreux, les pierres le sont, les bois, les terres à pots, puisque ces corps se sechent en dedans par éuaporation, & sortie de l'humidité interieure. D'où s'ensuit qu'ils deuiennent plus legers. Toutes les plantes & les corps des animaux en ont pour attirer l'aliment à eux, & la seue va de la racine jusques à la plus haute branche de l'arbre, comme le sang par toutes les parties du corps; les corps qui transpirent & font sortir d'eux continuëment des odeurs. D'autre part ces mesmes corps ne laissent pas de contenir l'eau sans luy donner aucun passage, si ce n'est dans vne tres-grande compression. Aussi c'est vne bonne espreuue d'vn tuyau quand on le remplit d'eau auec vne grande compression, soit par vne quantité d'eau superieure grandement éleuée, soit par quelque rare faction vn peu forte, soit par des esprits penetrans; tels que sont les esprits des Sels, & entre les Sels ceux d'vrine. Bacon, Chancelier d'Angleterre, dit qu'ayant fait faire vn Globe de Plomb assez espois, & capable de deux liures d'eau; puis l'en ayant remply, & ayant bien bouché le tout, fit fraper dessus à grand coup de marteaux; ce qui le fit tant soit peu applatir. Enfin l'ayant mis dans vn Pressoir, & pressé grandement l'eau, commença à sortir de toute part par des pores élargis. On a encore experimenté, que les tuyaux de bois qui retenoient bien l'eau, quand vn des costez estant bouché on la retiroit par l'autre, que l'air y entroit pour remplir le vuide par certains pores qui se trouuoient trauersans le bois, par lesquels neantmoins l'eau ne sortoit pas; ce qui nuit grandement és tuyaux alternatiuement descendans & montans, à cause de l'attraction que fait l'eau descendante. Partant l'eau inferieure pressée par la superieure, rompt les tuyaux trop foibles, comme sont ceux de terre, ou élargit les pores par où elle sort, ou attire l'air, & le fait entrer.

Les empeschemens qui viennent de la terre. La terre peut estre en 3. façons vn obstacle dans les tuyaux. 1. Alterant l'eau, & luy donnant vn goust fade; ce qui arriue encore des tuyaux apres vn long temps. 2. L'arrestant en tout ou en partie par les obstructions. 3. L'arrestant encore par les peaux, herbes, potirons, & animaux qu'elle engendre

&

& nourrir, & qui viennent tellement à multiplier, qu'ils bouchent le passage. Il s'y trouuent encore des grenoüilles, serpens, coleuvres, &c. Les herbes qui y sont, sont nōmées Queuës de Cheual en vn pays, de Renard en vn autre : Pour la ressemblance qu'elles ont auec ces Queuës ; elles grossissent, multiplient, & s'estendent tellement en largeur, qu'elles remplissent souuent la concauité du Tuyau. On dispute si elles s'y engendrent, car de nier qu'elles y soient & y croissent, c'est temerité. Les vns tiennent qu'elles prennent racine en dehors ; & puis par vne inclination qu'elles ont à l'eau, & à l'humidité, & par vne force qu'elles ont à penetrer & percer jusques dans des pierres poreuses s'insinuent par les fentes & pores, par où sort la moindre fumée & vapeur humide, trauersent l'espesseur du Tuyau, & y trouuant leur aliment en abondance, croissent à merueille. Les raisons qui les portent à ce sentiment sont, 1. De ce qu'on ne trouue point ces herbes interieures és endrois où il n'y a point de racines exterieures, tels que sont les Tuyaux enfoncez dans les sables de la Mer, dans les ruës des Villes, dans les lieux marescageux, & les Riuieres. Elles sont abondantes és endroits proches des racines & des arbres. 2. On en trouue dauantage dans les Tuyaux, selon qu'ils sont plus poreux comme dans ceux de bois, plusque dans ceux de terre, &c. 3 I'ay veu des Fontainiers qui ont blanchy dans ce Mestier, qui m'ont asseuré n'en auoir veu aucune, qu'ils n'ayent trouué pour leur origine vn petit bois deliē trauersāt les Tuyaux; & ceux que j'ay pû voir sont venus de cette sorte. D'autres soustiennent, que non seulement elles y croissent, mais encore qu'elles y naissent. 1. Pource qu'il y a quantité d'herbes aquatiques, & mesmes des terrestres, qui jettent leur racine en l'eau pure, comme on peut voir en vne branche de Baume ou Mante sauuage, qui mise en vne bouteille pleine d'eau, la remplira bien tost des racines qui s'y produiront. 2. Les boües terrestres qui s'y amassent peuuent seruir de matrices : Les eaux coulantes les y peuuent porter, aussi bien que dans les Fleuues, Lacs & Mers, elles portent celle des Poissons : Et comme l'air en porte par tout sur le haut des Tours, & des Clochers tres-éleuez, ou s'il y a vn espace de niueau ou approchant, pour receuoir & arrester vn peu la pluye, on y voit croistre des herbes, & naistre des animaux qu'on y trouue. 3. Il ne semble pas qu'vn si petit filet de branche ou racine, puisse nourrir vne herbe si multipliée & abondante. 4. Les pores trauersans ne se rencontrent pas tousiours par tout où il y a des racines. 5. On voit dans des Estangs nouuellement faits, des Brochets, des Tanches, &c. sans qu'on y en aye mis. On voit dans toutes les Maisons nouuellement basties, des Araignées és coings : Pourquoy donc ne pourra ra-on pas rencontrer des herbes & des coleuvres, &c. formez dans les Tuyaux : Comme aussi il est bien difficile à conceuoir de quelle maniere les coleuvres peuuent passer par les petits trous de la boteille, pour entrer dans les Tuyaux. & y faire de si longs chemins, depuis la Source jusques à la sortie. Mais quoy qu'il en soit de cette difficulté, il est certain qu'on trouue de tout cela, & c'est en toute sorte de Tuyaux.

Les empeschemens que les vents apportent au cours de l'eau : Par ce mot de vents, d'esprit, ou de fumée, j'entend trois sortes de corps rares & legers, qui se rencontrent dans les Tuyaux : Sçauoir est l'Air, les Vapeurs, & les Exhalaisons. L'Air de sa nature est tres-rare, comme on l'experimente au sommet des hautes Montagnes, où il n'a point la pression que nostre Air a icy bas, & au pied des mesmes. Le mesme par froideur ou par grande compression, est condensé violammen comme on peut verifier a l'œil dans l'instrument nommé la Canne à vent, ou l'Air estant pressé & renfermé en vn lieu estroit, puis estant remis & laissé en sa liberté par l'ouuerture de sa prison, se restablit en sa rareté, auec tant de promptitude & de force, que la balle rencontrée en son chemin, est chassée auec vne si grande vitesse, qu'elle viene à percer vne porte de bois, & auoir les mesmes effets que les balles poussées par la poudre à Canon dans vne Carrabine. La vapeur tout au contraire est dense naturellement, & rare violemment : Le froid où la compression l'a reduit en sa densité ; partant elle n'est pas si prejudiciable dans les Tuyaux. L'Exhalaison qui sort souuent l'Hyuer en fumée des puits, est rare de sa nature, dense par accident ; & par consequent elle fait tout effort aussi bien que l'Air pour se restablir à sa rareté naturelle, renuerse ce qui s'y oppose, & qui la peut empescher : Ce qui luy reüssit plus fauorablement quand plusieurs parties s'amassent, qui joignant leur vertu, font vn effet plus sensible ; ou quand quelque chaleur suruenante rarefie ces esprits renfermez. Il est impossible de prouuer cette verité par vne experience plus admirable, que celle qui arriua à Tours il y a quelques années. C'est que les vents enfermez dans les Tuyaux de la Fontaine, lesquels sont mis au milieu d'vne muraille assez espoisse, eurent tant de force que pour se donner la sortie, de faire non seulement creuer les Tuyaux, mais encore rompre & renuerser quatre ou cinq toises de la muraille qui les contenoit. Les vents ont trois effets dans les Tuyeux : Le premier est d'arrester le cours de l'eau en tout ou en partie : Et c'est ou 1. par leur legereté quand ils se trouuent du costé de l'eau descendante, lequel doit estre le plus fort pour attirer dauantage l'eau suiuante : Et neantmoins il est affoibly & rendu moins pesant par telle legereté, ou

2. par leur rarefaction par laquelle ils chassent l'eau d'vne part & d'autre, & font vn combat qui souuent se fait entendre par diuers bruits: Ou 3. par leur situation lorsque se trouuant où il y a vn angle, ils occupent les deux costez, & sont pressez de part & d'autre. Le second effect est de rompre les Tuyaux par l'effort qu'ils font, pour se remettre dans l'estat conuenable à leur rareté, pour se faire large, & trouuer de la place assez ample à leur dilatation. Le 3 effet est de trauerser par leur subtilité les petits pores, par où l'eau ne pourroit sortir, & puis les agrandir en passant; & mesmes en faire de nouueaux, lesquels donnent entrée à l'Air exterieur: Ce qu'on reconnoit veritable quand dans vne longueur de Tuyaux remplis d'eau, le haut demeurant bouché, on ouure le bas. Car on voit l'Air entrer par diuers endroits de l'entre-deux, pour succeder à l'eau coulante, & remplir le vuide: De plus, ces vents comme plus legers veulent monter, & l'eau comme plus pesante descendre. Et c'est encore en ce rencontre, où se fait vn combat de ces deux Elemens: Qui auroit des Tuyaux de verre vn peu longs, & alternatiuement montans & descendans, pourroit rendre visible vne partie de ces empeschemens, & de plusieurs proprietez & accidents descrits en ce Liure.

§. 3. *Les Remedes contre les Empeschemens declarez au §. precedent.*

I. IE puis dire en general, que celuy qui connoistra bien la nature des pieces expliquées au Chap. precedent, trouuera facilement les Remedes à tous les manquemens & défauts qui peuuent arriuer aux Fontaines. Neantmoins pour en faire voir plus clairement l'application & le fruit, j'adjoûte ce §.

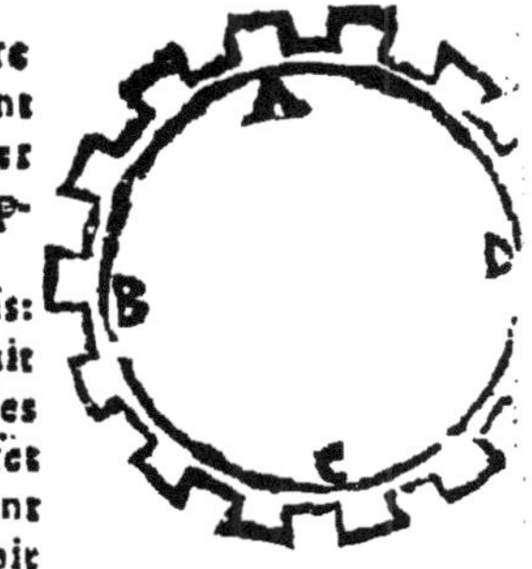

II. *Remede contre les Empeschemens de l'eau.* On en compte trois: Sçauoir, 1. la pression qu'elle fait aux parties des Tuyaux, d'où s'ensuit leur rupture, 2. la sortie de l'eau par des pores, & 3. la corruption des Tuyaux, particulierement s'ils sont de bois. On éuite le premier effet en fortifiant lés Tuyaux pour resister à telle pression, ou ne les faisant pas descendre si bas pour amoindrir la force de la pression, qui croit par la hauteur de l'eau superieure: Ce qui a esté souuent expliqué cydeuant, comme au Ch. 4. § 5. des assertions 3. 4. & 5. Et ce qui appartient à la corruption au Ch. 6 § 2. & 3 les pores se bouchent aisément.

III. *Remedes contre les Empeschemens de l'Air & des Vents.* Toutesfois & quantes qu'on doit remplir les Tuyaux d'eau, qui le sont d'Air comme la premiere fois, apres qu'on les a nettoyez, & qu'on les a r'accommodez ; il faut tenir ouuerts tous les regars superieurs, grands & petits; puis y faire entrer l'eau, & ne fermer aucun regard superieur, que quand l'eau remontant sortira par eux · Ce qui se fait successiuement, commençant par le plus bas, & continüant par les plus hauts en montant: Car l'Air par cette façon remontant sortira entierement par eux laissant sa place à l'eau. 2. Pour empescher l'entrée à l'Air il faut faire entrer l'eau toute pure dans les Tuyaux par le milieu de l'eau contenuë dans la mere source, selon l'inuention & les Figures mises au Chap. 6 §. 9. n. 4. 3. Pour chasser l'Air meslé auec l'eau, entant qu'il s'insinuë dans les Tuyaux auec l'eau, faut mettre és Angles ou Tuyaux superieux des souspiraux qui se tiendront fermes, & ne s'ouuriront que quand le Fontainier le jugera conuenable, ou quand l'impetuosité du vent les poussera, s'ils sont fais selon les 3. figures mises en la page 79. où le cone conuexe retranché doit auoir vne resistance & surcharge suffisante pour surmonter les petits efforts des vents. Voyez au Chap. 6. § 9. la description des Souspiraux ou Euentails qui sont inuentez & faits pour remedier à ce mal.

IIII. *Remedes contre les Empeschemens de la Terre, des Plantes, & des Animaux qui se trouuent dans les Tuyaux ;* C'est le principal point pour perpetuer les Fontaines apres celuy des Tuyaux. Car outre que les immõdices terrestres bouchent en tout ou en partie le cours de l'eau, elles alterent l'eau, & la rendent fade ; particulierement quand les ordures sont amassées multipliées, & laissées long temps dans les Tuyaux. Partant il est important pour tenir nets les Tuyaux, de sçauoir les moyens de les nettoyer; Et certes puis que nous voyons les sources naturelles estre portées par des conduis de grande longueur & d'vne matiere plus sujette à meslange, continuer neantmoins leur course sans interruption, & sans aucun de ces obstacles les siecles entiers, & multipliez on peut esperer, que nous rendant imitateurs de l'art Diuin, nous approcherons de son succés : Comme l'on peut voir és Fontaines bien faites & bien gouuernées. Le tout consiste à deux poincts : sçauoir, à faire entrer l'Eau dans les Tuyaux toute pure, & à en chasser les ordures, qui y seront entrées. Pour le premier il faut auoir égard que l'Eau qui entre dans la mere source ne soit en passant détrempée auec la terre par les pluyes tombantes: Car elle seroit boueuse en temps de pluie, & pour éuiter cét inconuenient, on la conduit dans le rendez-vous ou par des Tuyaux, ou par vn Canal bien couuert de pierres plates, enuironnées d'vne terre argilleuse, puis d'vne cõmune. Car la pluye, détrempant la 1. terre, sera arrestée par la 2. qui empesche toute communication de la pluye auec l'eau de la source. De plus si l'eau passe au travers d'vne espaisseur de sable deuant que d'entrer dans les Tuyaux, & si les Boteilles sont percées delicatement, & nettoyées de temps en temps l'eau sera contrainte d'y deposer & quitter ses immondices deuant que d'entrer. Voyez le n. 4. du Ch. 6. §. 9.

V. *Le 2en. point pour nettoyer les Tuyaux, est celuy duquel on a plus de besoin;* En voicy les moyens, Le 1er. est de faire passer d'vn Regard à l'autre dans les Tuyaux vne fisselle forte, qui aura au milieu vne espece de Décrotoire, tourchon ou de bouchon, & par le moyen de cette fisselle tirée diuersement des deux Regards, de faire promener ce Décrotoire par toute la longueur des Tuyaux, qui allant & venant détachera les ordures des parois concaues des Tuyaux, & les nettoyera; Et pour faire passer vne telle fisselle d'vn Regard à vn autre Desfertes se' sert d'vn Rat qu'il fait entrer dans le Tuyau, ayant vne fisselle attachée à sa queuë; pource que cét animal se trouuant là sans pouuoir se retourner, court promptement à l'autre Regard, & entraine auec soy la fisselle que l'on prend. I'approuue dauantage ceux qui y mettent vne Taupe, à cause que c'est vn animal qui vit sous terre, & duquel le propre ouurage est de remuer la terre qui rencontre dãs son chemin. D'autres dans les Tuyaux laissent vn fil de Letton recuit ou noir, pour estre pliable & flexible, auquel on attache la fisselle pour la faire entrer en retirant ledit fil, qu'on remet par apres. Les 3. se seruent heureusemẽt d'vn corps solide, qui n'est en son total ny plus leger que l'eau d'égalle grandeur à luy; autrement il remonteroit, & ne suiuroit pas l'eau descendante; ny plus pesant, autrement il descendroit, & ne suiuroit pas l'eau montante; mais entre deux d'vne égalle pesanteur, auec l'eau d'égalle grandeur ou approchante; pource qu'il suiura le mouuement de l'eau, & ira auec elle; & comme elle soit en montant, soit en descendant sans resister à son mouuement, comme font les deux autres corps. Il est tres-aisé d'auoir de tels corps, soit de bois qui sont plus legers, excepté le Buis, soit de Cuivre qui sont plus pesant, si on adjouste aux premiers du Plomb fondu plus pesant: Et aux 2ond des concauitez remplies d'Air plus leger: Si donc on attache à ce corps vne petite ficelle, & si on le met dans l'eau coulante dans les Tuyaux qui sont descendans & montans, ce corps suiura le mouuement de l'eau, & trainera auec & apres soy la fisselle, par laquelle on en tirera vne plus forte, & qui porte le Décrotoire: Cette inuention portera vne fisselle longue de 200. 300. & 400. pas, & donnera tout moyen de bien nettoyer les Tuyaux. Elle ne se fait que dans des Tuyaux premierement descendans. Les Clefs de bois sont propres à ces inuentions, & mesmes necessaires à la premiere. D'autres font couler de l'eau en abandance, & auec celerité: car vne telle vitesse

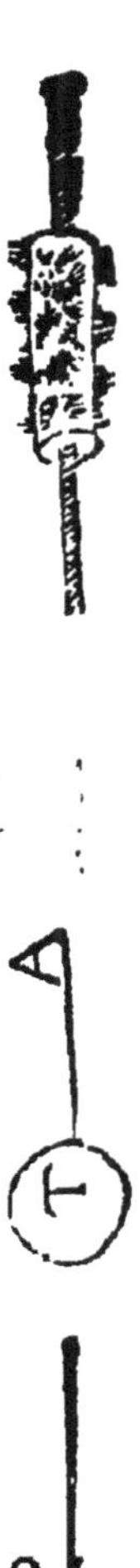

entraine tout auec ſoy. On la donne à l'eau, ſoit par vne Pōpe en forme de ſoufflets, ſoit par vne hauteur d'eau pratiquée par des Tuyaux éleuez. Les Fontainiers ordinaires ſe contentant de nettoyer vne longueur medioere des Tuyaux, prennent des aiglantiers, des ronces, des troncs de Vignes, & autres branches qui croiſſent en longueur. Ils les lient en toutes leurs parties auec vne fiſſelle, afin que s'il arriuoit la rupture d'vne, elle puiſſe eſtre retirée des Tuyaux ſans y demeurer. Ils font entrer ces ronces dans les Tuyaux, les tournant d'vne part & d'autre pour découurir le lieu du mal. D'autres ſe ſeruent de baguettes de Oux liées en leurs extrémitez par vne fiſſelle commune, qui a entre chaque baguette l'eſpace & la longueur d'vn pouce enuiron. On les fait entrer bien auant de cette ſorte.

§. 4. *Les moyens de reconnoiſtre les défauts d'vne Fontaine déja tarie, & d'y remedier.*

LE manque d'vne Fontaine peut venir en 4. façons : En deux de la Source, en deux des Tuyaux. La Source peut manquer, ſoit perdant ſon eau, ſoit l'ayant, mais ne l'enuoyant pas dans les Tuyaux. Ces deux défauts peuuent eſtre aiſément reconnus : Comme auſſi c'eſt par leur recherche qu'il faut commencer, deuant que de paſſer aux deux autres manquemens qui ſont dans les Tuyaux, pource qu'on voit éuidemment quand l'eau eſt diuertie, & ne vient pas en la mere Source, & quand y eſtāt les Tuyaux qu'on viſite demeurent ſans eaux. C'eſt à reconnoiſtre l'endroit des autres défauts, où il y a de la difficulté. Le premier eſt, de ne receuoir entierement & continuëment l'eau de la ſource, dont ils ſont capables, & de la faire regorger. C'eſt vn ſigne qu'il y a quelque endroit dans les Tuyaux qui eſt bouché, & qui arreſte entierement ou en partie le cours de l'eau. Il faut trouuer cét endroit, & le nettoyer. Le ſecond eſt quand les Tuyaux ne rendent pas tant d'eau à la ſortie, qu'ils en reçoiuent à l'entrée. C'eſt vn ſigne de quelque rupture dans les Tuyaux : Partant il faut trouuer le lieu, & changer le Tuyau, ou boucher l'ouuerture; on peut adjouſter vn 5. défaut d'alterer l'eau, lequel demande la netteté ou le changement dans les Tuyaux.

III. *Les moyens pour trouuer le lieu des manquemens ſont les ſuiuans.*

1. Il faut voir de Regard en regard ſucceſſiuement commençant, ſoit par le premier, ſoit par le dernier, lequel eſt le premier qui manque à receuoir l'eau en la quantité requiſe, & le dernier qui la rend comme

il faut, & conclurre que le défaut est entre ces deux Regards. Pour découurir l'endroit dans cét entredeux. 2 Si vn Tuyau est bouché en partie; ce qui amoindry en partie le cours & la quantité de l'eau, seruez-vous d'vn corps d'égalle pesanteur à l'eau descry cy-dessus, pource qu'il s'arrestera au lieu de la bouchure, qui l'empeschera de passer, & pour lors la longueur du filet appliquée sur les Tuyaux se terminera iustement au lieu où est le mal, & le faira connoistre. 3. Si l'eau se perd en quelque Tuyau, remplissez les Tuyaux d'eau entre deux grands Regards immediats, bouchant le bas; car si l'eau demeure remplissant le Tuyau, c'est vn signe que tout va bien : Si elle baisse mettez sur elle en haut vn corps plus leger que l'eau, mais plus pesant que l'Air; car il surnagera sur telle eau, baissera auec elle jusques au lieu où l'eau se perd, & s'arrestera là; pour lors la longueur du filet, qui luy doit estre attaché appliquée sur les Tuyaux, monstrera au juste en son extremité l'endroit du mal. 4 Il faut considerer le lieu plus abondant en humidité, si on le trouue, on peut juger que c'est là où se fait la perte de l'eau. 5 Ouurant les petits Regards, ou en faisant de nouueau, on conclurra aisément par l'eau qui sortira par la hauteur de sa montée, ou par le manquement le Tuyau percé : Et sur tout si on y applique des Tuyaux éleuez verticalement l'eau y montera jusques à la hauteur du trou par où l'eau se perd, que l'on trouuera aisément auec vn niueau. Voyez cecy en la page 98. La pluspart de ces remedes sont tres-efficaces & asseurez dans les Tuyaux alternatiuement descendens & montans.

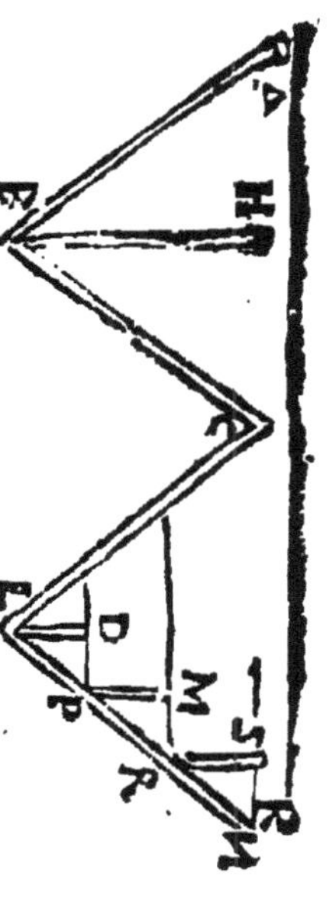

---

§.5 *Les moyens de conseruer & perpetuer les Fontaines déja faites.*

ENTRE les ouurages acheuez, qui demandent pour leur entretien & conseruation des personnés intelligentes, les Fontaines y sont comprises, & souuent elles rencontrent des hommes se disant Fontainiers, qui au lieu d'en estre les conseruateurs, en sont les destructeurs, & pour trouuer vn Tuyau gasté & y remedier, en rompront 4 sains & entiers; ce qui est faire 4. fautes pour en oster vne. Ie suppose icy qu'on donne à vn Fontainier la charge d'vne Fontaine bien faite, qu'on ne demande de luy que la conseruation en mesme estat. Le tout consiste à vn memorial, qui doit contenir trois choses : Sçauoir est 1 Vne copie semblable à l'original, c'est à dire, vne Figure qui representera la longueur du chemin total, depuis la Source jusques à la sortie de l'eau, & de chaque partie auec la pente de chacune, & les pieces qui sont adjoustées en diuers endroits. 2. Vn narré des circonstances, & particularitez qui se trouuent en chaque endroit du chemin. 3. Les regles qu'il faut obseruer en la conduite des Fontaines, & es diuers accidens ausquels les Fontaines sont sujettes. Le 1. point nous donnera une idée de toute la Fontaine, nous faira voir la nature & l'vsage de chaque partie & piece, nous fera trouuer d'abord & voir sa perfection, ou sõ manquemét, le rapost de chacune à son tour, & à toute autre partie; jusques là qu'vn Ingenieur, quoy que bien éloigné, consulte sur diuers incidens par la veuë seule d'vne telle copie donnera son aduis, & decidera la question comme s'il estoit sur les lieux. Le 2. nous aduertira des accidens exterieurs, qui joignent les Tuyaux, & peuuent seruir ou nuire à la conduite des Fontaines, lesquels partant il est expedient de sçauoir. Le 3. ordonnera ce qu'il faut faire, soit ordinairement, soit extraordinairement en diuerses occurrences. Manque d'vn de ces points le Fontainier ne se peut asseurer d'vn bon succez dans son office; au contraire il a tout sujet de craindre d'y manquer souuent. Le 1. se faira obseruant les points suiuans, 1. Faut faire vne ou deux eschelles des petites mesures, comme A B, pour la longueur, & B 8, pour la hauteur. 2. Faut tirer deux lignes de niueau: L'vne A B, de la hauteur de la Source en A: L'autre P N, de la bassesse du rendez-vous en 8. 3. Faut tirer les lignes des Tuyaux conformément à la longueur à la pente de chaque partie, & y marquer les pieces adjoustées, pour mettre sous vne veuë toute la Fontaine. On pourroit adjouster la ligne de la surface terrestre pour monstrer en chaque endroit la situation des Tuyaux, & leur profondeur dãs la terre; elle n'a pas esté mise dans la Figure. Si l'on faisoit en Tuyaux de verre vne Figure semblable la similitude croistroit, & par elle l'intelligence de toute la Fontaine. Pour le 2. point faut remarquer la qualité & la profondeur des terres, expliquer chaque chose particuliere, & la fin pourquoy on l'a mise; Aduertir de ce à quoy il faut prendre garde en chaque endroit, comme en chaque Regard la force de l'eau quãd la Fontaine est en bon estat, &c. Sur le 3. point ie me persuade que ce Liure y satisfaira entierement: Il y faut adjouster la pratique, visitant de temps en temps les Regards; voyant s'ils seruent selon leur fin & vsage, estant soigneux de tenir nets les Tuyaux, de reconnoistre les manquemens, & d'y remedier promptement & sans delay, de conseruer ce qui est bien fait sans y rien remuer. Chaque Fontainier & proprietaires des Fontaines, peut à la fin de ce Liure y faire adjouster du papier blanc, & y marquer ce qui appartient à sa Fontaine, auec les renuoy au lieu où j'ay traité chaque point, ou bien marquer à la marge en chaque endroit ce qui doit & peut seruir à la conduite de sa Fontaine.

QVELQVES REMARQVES SVR LES FONTAINES.

CHAPITRE VIII.

§. *De la perpetuité des Fontaines.*

A perpetuité des creatures necessaires à nostre entretien nous oblige à des actions de graces perpetuelles à Dieu, qui en est l'autheur Les vnes sont telles en leur indiuidu : comme sont les Anges, nostre Ame, & les Cieux Les autres qui ont leurs indiuidus corruptibles sont conseruées en leur espece par la succession des indiuidus: ce qui se fait ou par la semence comme sont ceux qui ont la vie, soit vegetatiue, soit animale, ou par vne alternatiue des causes perpetuelles, qui rarefient & condensent, mortifient, & viuifient, éloignent & approchent, attirent & retirent; & sont ou exterieures comme en nos Fontaines communes, ou interieures comme és Fontaines Minerales.

Pour les exterieures il se fait dans l'Element de l'Eau vne circulation ou la substraction recompence l'addition; Il y a égalité de perte & de gain, demis & depris: Par exéple, l'eau de la Mer deposant sa salure s'eleue en vapeurs par la chaleur des rayons solaires: Ces vapeurs assemblées se forment en nuées: Ces nuées faites se resoluët en pluies & tombent sur la terre: Ces pluies tombées font en partie dessus la terre des torrens, en partie entrent dans la terre, d'où se font les Sources en la meniere descrite au Chap. 2 § 5. Ces Sources des ruisseaux & des Riuieres: Ces Riuieres des Fleuues: Ces Fleuues rédent à la mer continuellement autant d'eau que le Soleil luy en oste Et d'autant que la chaleur rarefiante du Soleil & la froideur condensante de la moyenne region sont continuelles, ces changemens de l'eau en vapeur & nuées, & des nuées en eau de pluies sont aussi continuels, & font les Fontaines continuelles.

Pour les causes interieures. En l'Isle Delbe au rapport de l'Autheur de la Pyrotechnie on a tiré plus de fer, qu'il n'ë faudroit pour faire 30. fois la Montagne qui contient la mine: Les tourbes & charbõs de terre, & les sels des Montagnes de Cardonne renaissent en certain temps: Les Fontaines salées & minerales continuent à couler dans vn mesme lieu, & la terre espuisée par les fruits qui en sortent se rend feconde. Tout cela se fait par vne vertu attractive du sel ou du souffre volatil, dont l'air est plein. Si on auoit mis en vn monceau le sel qu'on a tiré de deux fontaines salées, dont l'vne fournit du sel à toute la Bourgongne, l'autre à toute la Lorraine, on en auroit fait plusieurs hautes montagnes. L'eau d'vne source depuis le commencement du monde auroit rempli les concauitez d'vn grand Lac, & ainsi du reste. Il faut donc qu'il y aye en ces matrices des metaux vne vertu attractiue pour remplir le vuide & remettre autant de matiere à former de nouueaux metaux qu'on en fait sortir. Es arbres les racines attirent l'aliment necessaire, des terres: le trõc des racines; les branches du tronc, les fueilles & fleurs des branches. Il y a vne fontaine d'eau chaude en vn village d'Auuergne nommée pour ce sujet Aigues caudes, qui donne l'eau chaude en si grande abondance, qu'vne forest entiere difficilement suffiroit pour faire bouïllir celle qui sort en vne semaine.

C'est de cette seule façon, que ie tiens, que par Art l'on peut faire vn mouuement perpetuel que ie demõstre sur vne figure quoy qu'inutile soit B. vn Tuyau rond plein d'air, ou de rosée: Faites qu'il passe par vn vaisseau A. plein d'eau. Ie dis que la partie du Tuyau, qui se trouue dans A. & est enuironnée d'eau est plus froide, que la partie opposée, & mise dans l'air: estant plus froide elle est plus dense, & par telle densité plus pesante, & en vertu de telle pesanteur elle descend, & en descendant elle en attire vne autre qui succedant à sa place succede aussi à vne plus grande froideur, densité, & pesanteur, comme aussi elle en pousse vn autre deuant soy, dont elle prend la place, & auec la place vne moindre froideur, densité, & pesanteur: pource que la cause de l'accroissement de froideur est toûjours la mesme & en mesme lieu qui est l'eau: comme aussi la cause de l'amoindrissement de froideur qui est l'air, est aussi en mesme lieu, & l'air interieur renfermé dans le Tuyau est toûjours plus pesant d'vn costé, plus leger de l'autre, d'où s'ensuit toûjours la descente d'vn costé, la montée de l'autre. L'Instrument nommé Termometre fait voir à l'œil ce changement, & mouuement de l'air, qui descend & monte d'ans ce Tuyau visiblement au moindre changement de chaleur & de froideur. Si on dit que le vase A. ne dure pas toûjours, c'est vn accident à tel mouuement, auquel on peut aisément remedier.

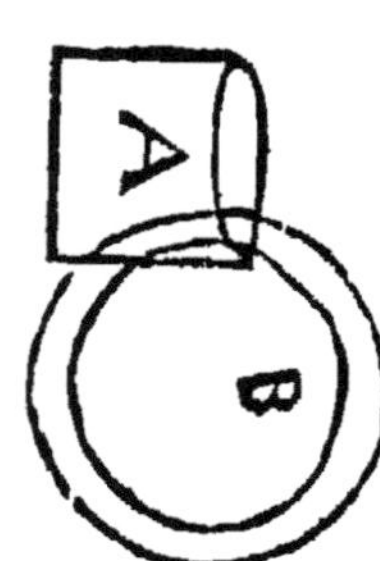

Cette perpetuité manque dans le departement des terres, & des eaux fait au commencement du monde; pource que l'alternatiue de l'allée & du retour ne s'y retrouue pas. C'est pourquoy Blancanus entreprend par vn Traité exprés, de prouuer que les eaux laissées à leurs cours ordinaires doiuent de rechef couurir la terre, & faire vn deluge vniversel, si Dieu ne l'empesche, ou ne le preuient par l'embrasement final. Et certes puis que les eaux des Fleuues charrient continuëment auec elles des terres & des sables qui vont se rendre à la Mer & descendent au fond, sans plus remonter, ny reuenir, elles amoindrissent d'autant la capacité du lit de la Mer, & l'obligent de s'estendre sur les terres habitables, & les couurir : En effet on a remarqué de grandes vsurpations qu'elle à fait comme en nostre Mer Septentrionnale à l'entour de St. Michël où il y auoit des Forests, entre la ville de St. Malo & l'Isle de Sesambre où il y auoit des terres labourables; és pays de Hollande où plusieurs Bourgs & villages ont esté inondez. En la Mer des Indes entre le Continent & les Isles Maldiues vn espace de 60. lieuës qu'on tient auoir esté empieté par la Mer, & si elle recule en d'autres, c'est par le concours des sables qui éleuent les terres.

§. 2. *Du Mouuement, & de la Montée des Eaux dans les Tuyaux.*

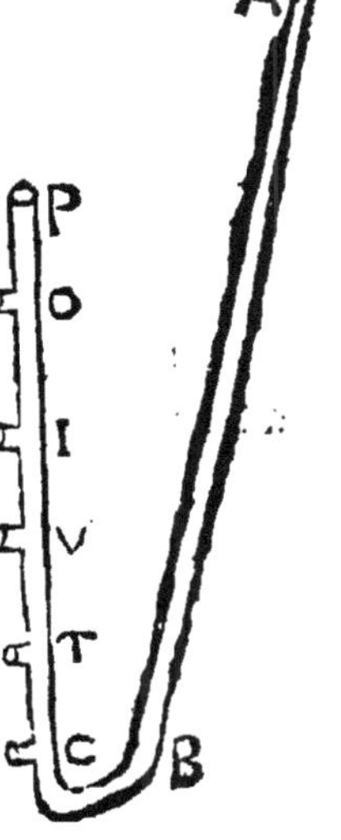

I'Y respond par deux maximes authorisées par experience, & par raison. La 1re. est, Que l'eau enfermée dans des Tuyaux par sa propre vertu arriué jusques au niueau de sa Source, iamais plus haut; Ie dis par sa propre vertu, car il est certain qu'vne vertu estrangere plus forte, que n'est la resistance, la fera monter: En effet c'est par cette façon qu'on la fait monter dans les Pompes par vertu attirāte, & dans les Syringues par vne vertu pressante, & en tant d'autres instrumens.

La raison est de ce que entre les eaux de mesme hauteur les unes dans la continuité d'vn Tuyau, l'actiuité d'vne partie est tousiours égale à la resistance de l'autre; ce qu'on nomme équilibre. Et s'il arriue qu'il y aye plus d'eau d'vn costé que d'autre il y aura en recompense plus de celerité de mouuement en la moindre eau, & plus de tardiueté en la plus grande: & c'est en mesme proportion, que les pesenteurs des eaux, ce qui fait égalité de resistance, & de vertu; & partant le repos des deux eaux, qui disputent le mouuement, la figure mise au Chap. 5. § 5. pag. 56. auec l'explication rendra cecy visible; De plus, si l'eau d'vn costé faisoit monter l'autre plus haut qu'elle n'est le

P ij

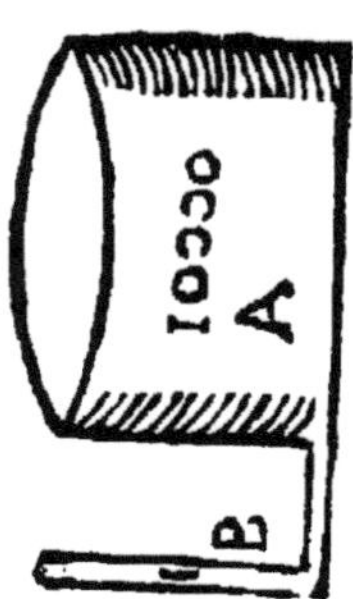

mouuement perpetuel, qui a esté de tout temps recherché & iamais n'a esté ny ne sera trouué. seroit le plus aisé du monde à faire : Ce que ie prouue sur la presente figure. Soit l'eau du vase & du costé A 10000. fois plus grande, que celle du costé B. Si l'eau A. fait monter l'eau de B. plus haut qu'elle n'est; l'eau qui a cét excés de hauteur en B. pourra descendre en A. & y estant maintenir & conseruer A. dans la mesme quantité & vertu requise pour faire monter B. De cette sorte A. demeurant toûjours en mesme amplitude fera toûjours le mesme & vn mesme mouuement de montée en B. & B. vne mesme descente & vne mesme addition d'eau en A ce qui conseruera toûjours la vertu de A. en mesme pouuoir, d'où s'ensuit vn mouuement perpetuel.

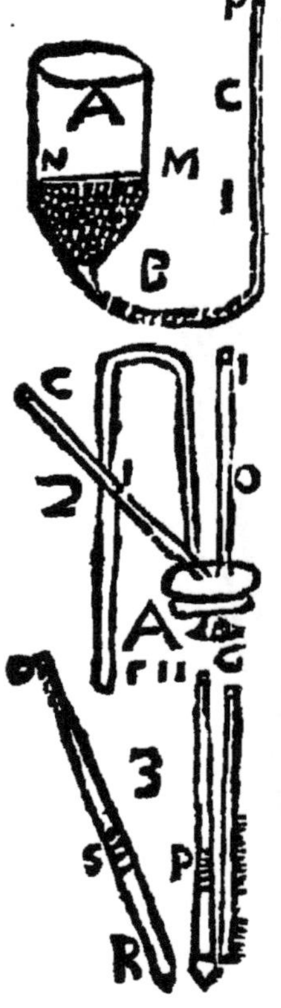

La 2e. maxime est. L'eau montant d'vn costé jusques à la hauteur de l'eau descendente à vn mouuement d'autant plus tardif, qu'elle approche plus pres de cette égalité de hauteur, & de vertu : pource que la resistance va toûjours croissant & approchant de l'égalité, & du repos: Ce qui se voit éuidemment en vne balance, en laquelle on mettra 10 livres de pesanteur d'vn costé, & de l'autre 4. puis 6. puis 8, puis 9. car il est tres-certain qu'en toutes ces additions le costé de 10. livres descendra : Mais d'autant plus tardiuement, qu'on fait en l'autre costé vne plus grande addition de pesanteur comme aussi on approche plus pres du repos, & de la priuation de tout mouuement & on y arriuera en y mettant 10. livres; Il faut bien considerer cette maxime és Tuyaux alternatiuement montans & descendans, dequoy souuent j'ay donné aduis en ce Traité, pource que de la tardiueté du mouuement, s'ensuit la diminutió de la quantité de l'eau coulante. *Voyez la page* 55.

On oppose contre la *1re.* Maxime plusieurs experiences nouuellement faites, dont les figures sont à la marge en voicy l'explicatió Si on a vn scyphon de verre recourbé bien net A B. P. duquel vne branche A.B soit ample ou capable de beaucoup d'eau ; l'autre B. P. soit tres-estroite l'eau contenuë dans le Tuyau B P. tres estroit montera plus haut, que celle qui est dans le plus l'arge A. B. Et tant plus que B. P. sera estroit, tant plus l'eau s'y élevera sur celle de A. B jusques là, qu'en vn Tuyau dont le concaue n'estoit capable que de contenir vn crain de cheval, l'eau y a monté onze pieds sur celle qui estoit du costé A B *Item*, si on met vn Tuyau net O. I. ouvert des deux costez dans vn vase A. plein d'eau, l'eau y montera, & c'est d'autant plus haut, que le Tuyau sera plus estroit Et si de O. I. on le penche à O. I. C. l'eau ira plus auant dans le Tuyau, mais non pas plus haut : De plus l'eau coulant par le dehors du Tuyau estroit, & ouuert haut & bas estant arriué en bas entrera dedans, & remontera, & c'est d'autant plus haut que le Tuyau est estroit. Ie respond qu'en toutes ces experiences l'eau monte à la verité sur sa source, non pas en vertu de l'eau pressante comme porte la 1e. Maxime mais en vertu du verre attirant: Ce que ie prouue par les experiences suiuantes.1. Tant plus le Tuyau est estroit, tant plus croist la montée; pource que l'eau montante décroist, & partant la resistance à la montée & le verre qui enuironne l'eau, croist & s'applique plus prochainement, auquel cas il a plus de force, comme on verra en ce qui suit. 2. Si vous remplissez vn verre net à demy d'eau sa surface sera concaue qui deuroit estre convexe, pource qu'elle est attirée par les bors & partant plus éleuée. 3. Si on y trempe vn verre net l'eau s'y attachera & se trouuera vn peu éleuée sur sa voisine; ce qui vient de l'attraction du verre. 4. Si vous mettez sur le milieu de la surface d'eau concave de ce verre à demy plein vne petite & legere boteille d'vn verre net, plein d'air il surnagera, & du milieu ira trouuer l'extremité & la toucher, le mouuement sera tres-tardif au commencement, viste à la fin & en montant du centre à la circonference. 5. I'ay dis toûjours vn verre net, pource que s'il est gras le contraire arriuera: La surfaec deuiendra convexe, la boteille sur-nageante fuira les bors, comme l'eau le verre gras qui y sera trempé Et cette antipathie confirme la sympathie de l'eau auec le verre. 6. Si on empli du Mercure à demy vn Vase d'Or, d'Argent, d'Estain, de Plomp, la surface sera concave qui deuiendra convexe dans vn vase de verre, de pierre, de bois; pource que la sympathie du Mercure est auec le metal.

§ 3. *Des Sources Minerales.*

LEs vertus Medicinales, qui sont tres grandes & tres efficaces dans les Metaux & les Mineraux sousterrains demeureroient sans effet, si Dieu par sa Bonté n'en chargeoient les eaux qui en estans empreintes, sortent des Terres & se presentent à nous, pour nous en faire part, & receuoir par elles de grands soulagemens, & s'il ne nous fournissoient des metaux, pour en faire à son imitation. Ie me contente icy de dire briefvement l'inuention Divine pour les nous communiquer en diuers endrois, & l'industrie des hommes, pour les auoir en tout lieu, & en tout temps.

Pour le 1er. point, Ie dis qu'il y a deux façõs d'agir dans les Metaux. La 1re. se fait par irradiation, c'est à dire, par prodiction d'vne qualité en l'eau, en la maniere, que le Soleil produit en l'air la lumiere, & les objets leurs especes, l'Aimant & tant d'autres Mixtes, vne vertu attractiue, ou repulsiue, ce qui est si ordinaire, que le seul denombrement feroit vn gros volume. Elmont, Glauber, & autres le font voir en tous les Metaux & Pierres pretieuses : Et de cette sorte il est aisé à expliquer les vertus & les effets mis dans les sources sans rien perdre ny de leur substance, ny de leurs vertus agissantes. On tient que la Fontaine de Ste. Reine en Bourgogne est de cette sorte : puis qu'en la distillant on n'apperçoit rien ny sortir, ny demeurer au fond que de l'eau.

La 2e. se faït par la dissolution de la Mine metallique, pour laquelle il faut que l'eau passe au préalable par vne Mine de sel vierge, ou de Nitre pur, où elle se fait vn dissoluant tel que sont les eaux fortes, ou plûtost en ce sujet les Alkahests desquels le propre est de separer le pur & l'esprit d'auec l'impur, & le corps d'vn mixte. Ce que Rochas asseure auoir reconnu par experiences veritables en toutes les Fontaines Minerales découuertes & visi-ées par luy depuis leur sortie jusques à leurs premieres causes: c'est à dire, jusques au lieu où elles commencent d'eaux communes à deuenir minerales.* Il a trouué en toutes vne couche de sel uierge où l'eau commune disolvoit dans soy le sel, & estant empreinte & passant par vn autre couche d'vne Mine en prenoit la teinture & la vertu, c'est à dire l'esprit, & ce qui est d'actif, & l'emportoit auec soy pour nous le communiquer. On reconnoist telles eaux minerales par l'odeur, le goust, le toucher, par vne distillation exacte, & par les effets dans ceux qui en boiuent: Et puis qu'il ny a point d'eau pure, ie tiens qu'il y a peu de Fontaines qui n'ayent quelque vertu particuliere tirée des lieux, par où elles passent. Et d'autant que ces sources minerales sont rares peu de personnes en peuuent receuoir le benefice, ou c'est apres de long voyages & de grands frais pour s'y transporter; l'industrie des hommes est arriuée à ce point que d'en faire en tout lieu, & en tout temps, & des propres à chaque maladie. Car comme les Medecins se seruent des vertus des herbes, racines, fleurs, fruits, &c. pour en composer des Medecines. Ainsi les Chimiques tirent la vertu des Mineraux & des Metaux pour la mesme fin. Le vin Hemetique auparauant si descrié est maintenant en vsage auec de grands succés. Et tent. ceux qui ont l'inuention de faire l'Alckahest de Glauber, de Elmont & de Paracelse, peuuent tirer les Baumes de chaque plâte, les teintures de chaque metal & mineral, & auoir par ce moyen non seulemét des Medecines particulieres: mais encores des vniuerselles, des panacées, des ors potables, &c. La nature nous presente vn Alkaest dans les Fontaines minerales descri cy dessus, & dans nous mesmes au principe de la digestion des viandes. 2ent. On n'a qu'à lire le 3. Liure des Fourneaux de Glauber, & celuy qu'il y promet (s'il est fait) pour y lire & auoir de toute sortes d'eaux Minerales, artificielles, des Bains secs & humides, contre des maladies jugées incurables : Et l'effet les fera voir aussi puissans, que les naturels: Comme aussi c'est la meime nature qui y agit; l'art ny faisant que l'application & quelques preparations.

§ 4. *Remarques sur quelques points de ce Liure.*

SI j'ay mis sur diuerses occurrences des Tuyaux vne grande multiplicité de moyens diuers, ce n'est pas pour obliger les Fontainiers à se seruir de tous; mais pour leur donner moyen de choisir ceux, qui seront plus conuenables à chaque endroit particulier, eu égard à diuerses circonstances, qu'on y rencontre. Il ny faut iamais multiplier les moyens sans necessité ou grande vtilité. Comme il ne faut pas negliger les Fontaines, où la nature nous presente de grands avantages; tels qu'on lira au Chap. 1. Aussi ne doit-on pas entreprendre celles, qui coustent plus à faire, & à entretenir, que n'est le profit qu'on en tire: telles que sont celles qui sont trop éloignées, ou ont vn entre d'eux trop irregulier. Il vaut bien mieux se seruir des Cysternes, qui mettent la source dans la maison mesme: Et pour y réussir auec profit, adjoustez à ce que j'ay dis au Chapitre 3. § 2. les Remarques suiuantes. La 1e. est, Qu'on peut éleuer la Cysterne depuis la surface terrestre jusques au toit, & qu'on doit les mettre plus hautes que ne sont les lieux, où on veut conduire l'eau: comme sont la Cuisine, le Iardin, la Sale, *&c.* Pource que par le moyen d'vn Robinet, ou de l'inuention mise au Chap. 6 § 9. sur la fin, & par des Tuyaux qui prendront de la Cysterne és lieux destinez l'eau s'y rendra d'elle mesme sans aucun trauail, ny à la tirer ny à la porter, ny à en aller chercher autre part bien loin, comme on y est contraint souuent; ce qui est vne commodité tres-grande, & qui n'est pas assez considerée ny pratiquée en plusieurs lieux, où elles seruiroit beaucoup Et pource que les Cysternes faites dans les terres ont deux avantages, sçauoir, que leurs murailles sont mieux soûtenuës, & l'eau y est plus fresche. La 2e. Remarque est, de bastir celles qui sont sur terre du costé du Septentrion si la commodité le permet, ou dans vn estage, ou de faire les murailles particulierement celles qui reçoiuent les rayons solaires bien espoisses pour resister à leur action. Ceux qui ont deux murailles à équierre n'ont qu'à en adjouster deux autres pous acheuer vne Cysterne quarrée, laquelle ayant par exemple 10. pieds en longueur, largeur, & hauteur, contiendra 1000 pieds cubiques d'eau, qui font à 18. pots chaque pied 18000. pots d'eau. Il est aisé en faisant vn bastiment qui aura vn toit vn peu ample d'en pratiquer vne sans beaucoup de frais, & y accommoder les décharges des eaux qui viennent des toits. Ie conclus de cecy que plusieurs vont chercher des Fontaines bien loin, qui coustent beaucoup à faire, & à entretenir, lesquels ont tout moyen d'auoir vne source d'eau bien saine en leur Maison. Si l'on dit que l'eau de pluie manque souuent; Ie respond, que les Fontaines le font aussi, & qu'vne ample Cysterne mesnagée, peut suffire pour les necessitez & commoditez d'vne grande Maison, durant ces temps là.

Sur la façon de connoistre les Sources, & les Mines, les vns fondent des metaux en vn instant d'vne constitution celeste, en font vne boule percée qu'ils mettent à l'extremité d'vne baguette de Coudrier, & veulent que la tenant élevée elle penchera vers les endroits où les metaux se trouuent, Giauber l'approuue; Le Livre intitulé la Restitution de Pluton en donne l'Horoscope, & la figure celeste. Bellot en sa Geomantie veut que se soit aux iours Caniculaires; Mais j'ay trop éuidemment démonstré en mon Livre des Influences Celestes, Chap. 5 § 5. *n. 6.* & *9* que les Talismans estoient effets de Magie, pour ne point condamner ceux qui veulent découurir les Sources par telles inuentions. L'Incision d'vne baguete ou sion de Coudrier, & la fonte des metaux ne peuuent donner cette vertu: mais la doiuent supposer; & si elle y est elle y demeurera en autre temps, où on peut s'en seruir; Voyez les autres raisons au lieu cité. Ainsi rien ne peut estre naturel, que quelque sympathie mise au Chap. 3. § 5.

Ie me suis oublié de mettre le Ciment à froid, que l'on trouuera chez Deserres. Le Mastic qu'on adjouste pour enuironner & fortifier les Tuyaux de Terre, & qu'on peut faire d'vne figure quarrée se fait de pieces grossieres de pierre dure, & seche comme de caillou jointes auec les Colles d'escrites.

SOLI DEO HONOR ET GLORIA.

FIN.

L'ART DE NIVELER, ET DE CONNOISTRE LA HAVTEVR OV PROFONDEVR DE CHAQVE LIEV PROPOSÉ TANT DE IOVR QVE DE NVIT.

CET Art joint deux choses d'vne rēcontre assez rare, la facilité auec l'vtilité. Il est si aisé, que mémes les esprits les plus mediocres en peuvēt acquerir la perfection & y réussir heureusemēt. Il est si vtile que les plus grāds ouurages artificiels, qui ornent & accōmodent les Maisons, les Villes, & les Provinces luy doivoient leur bon succés: tels que sont pour faire les diverses esplanades, plate formes, terrasses, entablemens, planchers, pavez & autres effets, plus communs dans l'Architecture, Menuiserie, Charpēte, & autres Arts, les ionctions des rivieres, les marests dessechez, les canaux pratiquez, soit à porter batteaux, soit à flotter le bois, soit à nourrir des poissons, soit à faire divers mouvemens, & par eux mille effects. Les assemblées d'eau en vne mere source, leur conduite par des Aqueducs, tuyaux, petits canaux, sables, & autres manieres, leur décharge sur des prez pour les arrouser, leur retenue dans divers reservoirs & autres ou de ouurages sont dressez & ordonnez par le Niveau.

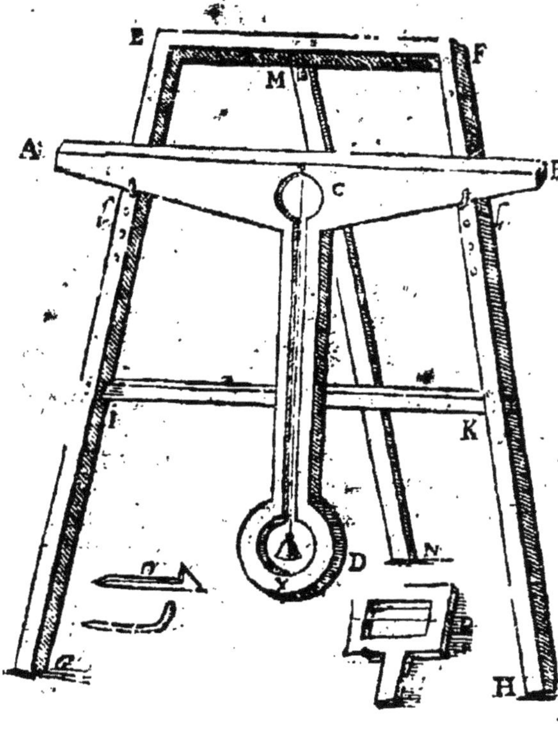

A. B. D. le Niveau, C. Y. le filet à plomp, qu'on peut changer seulement à I. Le support F. E. G. H. retenu d'vn bastō M. N. I. I. les chevilles qui les soustiennent O O O les trous pour mettre les chevilles. R. les Pinnulles. On peut caver la surface A. B. pour faire vn Niveau d'eau ou peut y mettre deux filets à la place des Pinnules.

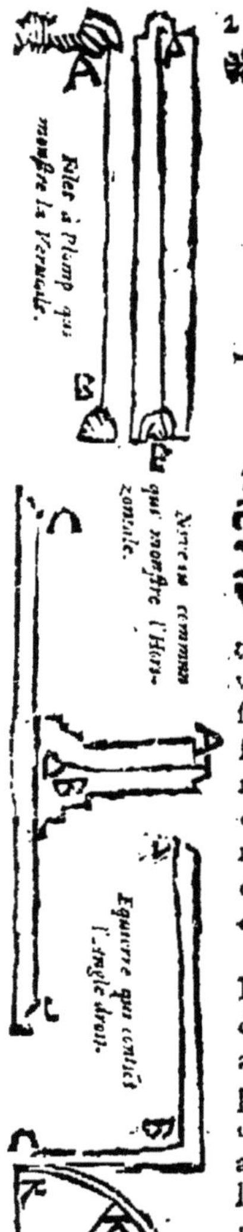

PREMIERE PARTIE DV NIVEAV; ET DE SON VSAGE.

§. 1. *De quatre Instrumens ordinaires aux Artizans.*

LEs Artizans ont emprunté de nos Mathematiques, particulieremēt quatre sortes d'Instrumens pour cōduire leurs ouurages, & donner à toutes les parties vne justesse conuenable, sçavoir, la Regle pour designer, tirer, conduire, & examiner toute droiture. 2. Le Plomp pour les élevations des murailles, des colomnes & tout autre corps qui doit auoir vne élevation verticale. 3. Le Niveau qui donne la ligne & le plan ou surface Horizōtale sur laquelle on doit asseoir & faire reposer les corps si on veut qu'ils soient soûtenus solidement & entierement sans que rien porte à faux. 4. Vn Equierre qui contient l'Angle le plus regulier de tous; c'est à dire, le droit, qui est indivisible & au milieu d'vne infinité d'aigus moindres ou plus retressis & d'obtus, plus grands ou plus dilatez, qui est propre à terminer deux surfaces concurrentes cōme iont des murailles, des tables, portes, fenestres, pavez, planchers, *&c.*

Et certes il y a bien de la raison de se servir de ces quatres instrumés. Du premier: pource que la droiture est la longueur la plus courte, & determinee de toutes celles que l'on peut tirer entre-deux points, c'est aussi la façon la plus belle & vniforme de terminer les corps. Du second pource que l'élevatiō verticale est la plus determinée & la plus asseurée de toutes: ce qui s'en éloigne & penche est facile à tomber, & en ayant déja le commencement. Du 3e. pource que le Niveau est la meilleure assiette tant active que passive, qu'vn corps solide puisse auoir, soit pour supporter vn autre selon toutes ses parties, soit pour estre supporté par vn autre directement & totalement & comme le filet à plomp donne vne ligne qui met tous ses points en la plus grande difference de hauteur que faire se peut, le Niveau en fait vne droite qui à tous les points en la plus grande égalité de hauteur que faire se peut. Sur la ligne Horizontale on ny descend & on y monte point: Sur la penchante on y fait l'vn & l'autre; mais auec quelque temperament: Sur la verticale on y monte & on y descent souverainement. Aussi la verticale est la mesure, qui nous fait connoistre les élevations & les depressions de chaque point sur vn autre, pource que l'Horizontale tient ses points également distans du centre: La verticale les va éloignant le plus que faire se peut: La penchante est entre deux, & se forme de deux mouvemens d'vn point, qui se mouvroit sur vne ligne Horizontale qu'on éleveroit verticalement. On se sert du 4e. Instrument; pource qu'il contient l'angle le plus cõmode pour joindre les surfaces regulierement: & pource qu'il est le milieu entre deux extrémes. La nature nous appréd le 1er. par tout filet pesant & bandé. Le 2nd. par le mesme filet bandé, par vn plomp ou autre corps pesant librement suspendu & par la cheute libre de tous les coprs pesans.. Le 3. par toute liqueur en repos, qui a ses extremitez dans vne situation horizontale & de Niveau Le 4. est plus artificiel & a esté invẽté pour auoir l'angle droit comme le quart de 90. & la sauterelle pour auoir les autres angles. De ces quatre Instrumens ie ne m'arreste icy que sur l'vsage de deux lignes, sçavoir, celle du filet à plomp, & du Niveau, qui sont les principes de l'Art de Niveler; lequel sera mis en sa perfection par trois points que j'entreprend traiter en la 1e. partie, sçavoir, par vn Niveau tres-juste, 2. par son vsage tres-exact, & 3. par vn grand soin de marquer distinctement, les connoissans que nous en tirons. La 2e. partie nous en fera voir les fruis en des suiets particuliers.

§ 2. De la nature, diuersité & perfection des Niveaux.

I. On la conceura par les points suivans. 1. Il y a dans tout Globe & partant dans le terrestre duquel il s'agist icy autant de Semidiameres que de points dans la circonference: pource que deux de ces points ne pouvant iamais faire vne ligne droite auec le point du centre chacun à la sienne propre qu'on nomme Semidiametre. 2. Il y a autant de lignes verticales dans le Globe terrestre que de Semidiametrales: Pource que chaque ligne verticale n'est autre qu'vne Semidiametrale continuée jusques au Ciel, & des deux il ne s'en fait qu'vne plus longue. 3. Il y a autant d'Horizons ou de surfaces horizontales que de lignes verticales: pource que chaque verticale en chacun de ses points, est perpendiculaire à vne surface droite, qui fait vn Angle droit auec elle, & qui luy est propre & differente de toute autre: à cause que l'angle droit consiste en vn indivisible. Or est-il que toute telle surface est horizontale; pource qu'elle divise le monde en deux moytiez, dont l'vne est superieure & visible à l'égard du point dans le Globe, marqué par la verticale; l'autre est inferieure & invisible: Ce qui fait la differéce constitutive de l'Horizon. 4. Il y à autant de surface de Niveau droite: pource que la mesme surface qui est dite Horizõtale par le rapport descri cy-dessus est encore de Niveau par vn autre rapport qui s'y trouve: c'est d'avoir égalité de distances en tous ses points auec le centre, cette égalité s'entend selon les sens & en vne petite partie, & pour l'entendre faut sçavoir que chaque ligne Semidiametrale & verticale, en chacun des ses points à deux sortes de surfaces perpẽdiculaires, l'vne est rõde ou Spherique, & cette-cy Mathematiquement, & en toute rigueur est de Niveau selon toute son estenduë; à cause que tous ses points sont également distans du centre: l'autre est droite qui touche le point du Globle marqué par là verticale, laquelle n'a cette égalité de distance que Physiquement, & en la rigueur des sens, & c'est encore en vne estenduë moderée proche le point d'attouchement: Pourceque les distances du centre auec les points d'vne telle surface vont croissant auec l'accroissement de telle surface. Comme aussi les Angles ne sont plus droits & c'est sensiblement en vne distance éloignée, & si telle surface est horizontale selon toute son estenduë elle n'est pas de Niveau, qu'en vne mediocre. Comme aussi en l'appliquant en divers points du Globe on change la verticale à chaque point & le filet à plomp, & auec elle la surface soit Horizontale, soit de Niveau: Partant vne ligne droite, & longue de Niveau, n'est pas vne simple ligne mais vne composée de plusieurs droites tangantes, & qui font sensiblement vn Arc du Cercle Terrestre. 6. Il y à autant de surfaces Horizontales, & de Niveau, qu'il y a de points dans la Verticale, qui peuvent estre pris pour points de la surface & circonference terrestre, laquelle en divers endroits est de diverse hauteur: Aussi telles surfaces sont Parallelles entre elles, & differentes seulement en hauteur: comme sont les points de la verticale. 7. Il y a autant de lignes soit Horizontales soit de Niveau qu'on en peut tirer dans les surfaces Horizontales & de Niveau: & autant de points de Niveau, qu'il y en a dans les lignes de Niveau. Voyez cecy au §. 9. du Ch. 2. des Fontaines amplement traité.

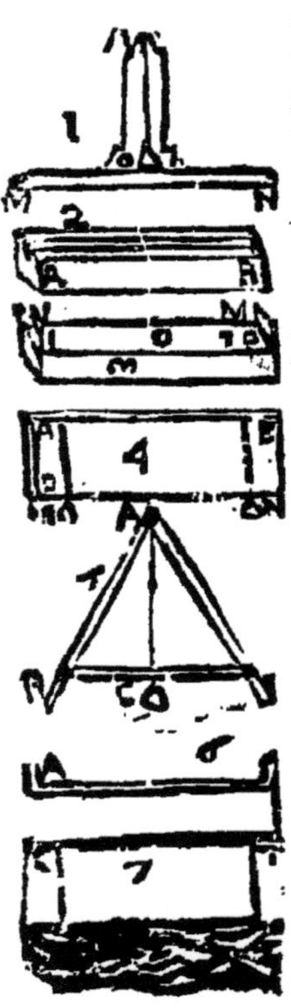

II. *De la diversité des Niveaux*; De ce que dessus s'ensuit qu'on ne peut trouver, & connoistre la surface ou ligne de Niveau, que par deux antecedens connus qui la determinent & sont aisez à auoir le 1er. par la cheute libre des corps pesans, que le filet à plomp nous montre exactemét. Car toute surface & toute ligne qui fera auec luy l'ãgle droit sera de Niveau. 2. Par l'eau dormãte & en repos qui fait vne portion de la Sphere terrestre & en à la rotondité: pource que si vne partie estoit plus haute que les autres elle auroit vne plus grande pesanteur & vne vertu plus grande de descendre en bas que les autres ; & neantmoins elle demeureroit plus haute. S'ensuit 2 qu'il n'y a que deux sortes d'instrumens conformes à ces deux premiers antecedens pour auoir la ligne de Niveau : sçavoir, ceux qui sont reglez par le filet à plomp, & ceux qui sont dressez par vne eau calme. Les premiers propres aux Artizans sont les plus ordinaires, qui ne prennent le Niveau que selon la longueur du Niveau appliqué sur quelque surface. Ie traite icy de ceux à qui on adjouste le moyen de conduire bien loing la ligne de Niveau par vn rayon Visuel. I'en presente à la marge de toute façon: sçavoir, de sept façons joints ensemble, & puis quelques vns separément pour plus grande distinction.

III. *Des Niveaux d'eau* ; L'on peut se servir diversement pour nostre dessein de l'eau dormante. 1 Si l'Eau est de grande estenduë comme dans vn grand Lac ou Estang, on peut prendre les bors pour vne ligne de Niveau, particulierement és points distans de la descharge ce qui peut grandement avancer le nivelage. Et si la Mer estoit sans mouvement & sans rarefaction, nous aurions le Niveau des terres tres-distantes, & par le Niveau les differentes hauteurs des mesmes: comme ie monstreray cy apres. 2 Es eaux qui n'ont point tant d'estenduë: comme sont les Marés, les reservoirs & autres amas d'eau, on peut planter deux ou d'avantage de battons distans entr'eux & égalemént élevez sur la surface de l'eau. Car leurs extremitez seront de Niveau, & le rayon conduit par elles le sera aussi. Et pour mieux les distinguer on peut fendre les bastons distants de la veuë, & y mettre du papier blanc ou autre marque, pour les rendre plus visibles. 3 On enferme l'eau dans vn Tuyau de verre ou de bois, A C B qui aura ses bors de verre A C élevez auec quelque marque pour monstrer les bornes & la hauteur de l'eau, & cette marque sera mobile pour s'ajuster auec les bornes de l'eau. Car telles marques sont de Niveau comme aussi le rayon conduit par elles. 4. On l'enferme dans vn petit Canal T D lequel estant par tout également plein met les bornes de Niveau directives du rayon, soit par leur longueur, soit par pinnules qu'on y adjouste. Les vns n'approuvent pas ce Niveau 1. pource que l'humidité gluante de l'eau la fait élever quelque peu sur son continent sans couler comme on peut verifier dans vn verre tout plein: 2 pource que le mouvement de l'air la fait mouvoir, 3. pource qu'il faut trop attendre pour la voir en repos:

Les autres l'approuvent & s'en servent auec succés: 1. pour ce que tel instrument n'ayant qu'vne longueur est bien plus portatif; 2. Il est aussi plus aisé à placer. 3. on peut remedier aux incōveniens mis cy dessus. Au *1er.* soit laissant des trous par où l'eau s'écoulera sans monter plus haut, ou faisant des marques où on la fera arriver, ou mettant des Tuiaux és extremitez où elle montera. Au 2. couurant le dessus. Au 3. le frequent vsage facilitera le tout.

IIII. *Des Niveaux reglez par le filet à Plomp*; On les fait encore de diverses façons, 1. le premier des sept est le plus commun, 2. on en fait de longs prenant vn ais bien dressé en haut, & y adjoustant des filets à plomp, & dessous y marquant des lignes Perpendiculaires. 3. Auec trois bastons en forme de triangle Isoscelé comme on voit en la 5. figure des sept. 3. I'en adjouste deux separez de 7. qui joignent la facilité auec l'exactitude: L'vn a pour support vn instrument semblable à vn Chevalet des Peintres, l'autre est supporté sur vn demy rond, qu'on place sur quelque corps solide. Tous deux ont cét advantage propre que par vn petit mouvement qui se fait en vn tournemain, on luy fait parcourir successivement toute difference de hauteur, & partant on hausse ou on baisse selon que l'on veut vn des costez pour estre de Niveau auec l'autre. tous deux ont les advantages, dont les autres sont capables. 1. Ils ont la ligne de Niveau superieure pour conduire le rayon, 2. on peut donner à la surface superieure de Niveau vne cavité, soit pour contenir de l'eau, & joindre les deux sortes de Niveau en vn, soit pour recevoir deux filets aux extremitez directifs du rayō Visuel, au lieu de Pinnules. Le 2. porte vn demy rond, qui peut servir à auoir toutes les lignes penchantes, & les hauteurs des objets si on y attache vne longueur de cuiure mobile à l'entour du centre, pesante à son extremité pour faciliter le mouvemēt terminée en pointe pour s'ajuster à la ligne directrice & perpendiculaire. Car telle longueur servira de Semidiametre & d'Index. I'adjouste des regles pour perfectionner chaque piece de Niveau.

V. *Des rayons Visuels*; 1. C'est par leurs moyens qu'on continuë bien loing la ligne qui est petite dans l'instrument de Niveau, & que par telle ligne trouvée on compare auec elle les points tant superieurs qu'inferieurs pour sçauoir leur hauteur ou bassesse relative à telle ligne. 2. Ce rayon doit estre de Niveau, & pour l'estre il doit estre Parallelle à vne ligne de Niveau contenuë dans l'instrument, & pour l'estre le rayon Visuel est conduit & determiné ou par la longueur d'vne telle ligne, ou par des pinules, qui n'auront chacune qu'vn petit trou ou vn filet au milieu d'vne grande ouverture : comme en R. ou vne fente de la longueur & grosseur d'vn filet, pour la nuit particulierement, & qui auront ces points ou ces lignes, paralleles & de niveau. 3. ce rayon à plus d'avantage en vn iour clair, serain & sec, qu'humide & nebuleux, de mesme en est-il pour la nuit ; & d'autant qu'il est reglé par la ligne de Niveau, & cette-cy par les Pinnules, & qu'il à pour terme vn objet, ie fay sur ces points quelques remarques.

VI. *Du filet à Plomp;* Sa perfection consiste 1. à auoir vne ligne directrice marquée pour luy servir de regle, laquelle doit estre parfaitement à Angle droit & perpendiculaire à la ligne ou surface de Niveau. 2. Ce filet doit estre delié pour marquer vne ligne plus justement, fort pour soûtenir le plomp, flexible pour en suiure la direction, poli & ciré pour n'auoir rien de superflu. 3. Il doit estre mis en vne concavité & couvert contre les vens. 4. Il doit estre mis en parfaite convenance & correspondance auec la ligne directrice. 5. pour l'y disposer auec plus d'asseurance on peut mettre dessous luy vne piece d'Yvoire blanche, marquée de la ligne directrice & dessus vn verre agrandissant les objets. 6. Tant plus le filet est long tant mieux, peut on reconnoistre cette correspondance: pource que son Arc est d'autant plus grand. Le temps calme, & sans vent y est plus propre, que celuy où les vens regnent pour n'en recevoir aucun mouvement.

VII. *Des Pinnles;* Leur fin est de determiner le rayon Visuel qui a la situation de Niveau, & de le distinguer de tout autre : C'est pourquoy les vns le font par deux petits trous également élevez sur la ligne de Niveau mis en 2. Pinnules; chacune ayant le sien. Car le rayon conduit par eux est de niveau. Mais les plus exactes Pinnules en ce sujet sont celles qui determinent le rayon par des filets Paralleles & de Niveau que l'ō peut mettre ou en chacune Pinnule, ou sur les deux extremitez de la ligne de niveau canelée & cavée au milieu : Pource que le rayon conduit par eux va diviser en deux la flamme d'vne chandelle & ne peut s'égarer allant ou plus haut ou plus bas : Les autres se contentent de mettre aux deux extremi-tez deux surfaces élevées également sur le Niveau, comme en la 3. figure. Si on dit que le filet proche de l'œil paroist plus grand, que celuy qui est éloigné ; Ie répond, que cette diversité d'apparence n'empesche pas le parallelisme des rayons Visuels, particulierement si on éloigne vn peu la veuë du filet plus proche.

VIII. *De l'objet où le Rayon tend & se termine ;* Il doit estre tres-blanc le iour, & auoir à l'entour de soy du noir, comme vn chappeau & tres-lumineux la nuit : Pource que se sont ces deux conditions qui le rendent plus visible. : D'où vient qu'on l'appelle le but & le blanc.

La longueur d'vn tel objet mise horizontalement & de niveau ny nuit point. Si bien la largeur qui porte diversité de hauteur. Car on n'en cherche qu'vne de plusieurs qui y sont. Partant le but peut estre tant long qu'on voudra, & le moins large qu'on pourra. Estant tourné en rond sur le point du milieu, il doit d'escrire par ces deux extremitez le mesme cercle. S'il est penchant il on marquera deux qui seront d'autant plus distans qu'il y a ou de pente au niveau, ou de distance en tels objets terminans le rayon, le point du milieu entre les deux excedans, c'est celuy où il les faut faire viser pour estre de Niveau.

IX. *L'Espreuve & l'Examen du Niveau*; Pour estre juste il ne doit auoir aucune pente, & tournant en rōd au milieu d'vne court, doit escrire le mesme cercle de ses deux costez. Il y a 4. moyens pour reconnoistre s'il est tel qui vont croissant en perfection. Le 1er est de renverser le filet à plomp, mettāt le plōp où estoit le point immobile du filet. Car si la ligne d'escrite par le Niveau en toutes les deux façōs est la mesme, c'est vn signe que le filet luy est exactement perpendiculaire. Le 2ond qui est bon mettez les deux extremitez de vostre Niveau contre deux murailles concourantes & vers vn coing, ou contre deux corps immobiles & proches suffisamment: Puis l'ayant disposé comme il faut, marquez les point que les deux extremitez du Niveau monstrent par leur attouchement & application sur les murailles ou autres corps. Retournez vostre Niveau & mettez chaque extremité sur le point que l'autre auroit marqué. Et si le filet a plomp tombe toujours sur le mesme point ou si le filet à plomp mis sur vn mesme point ès deux applications les extremitez marquent vn mesme point, c'est vn signe de justesse dans l'Instrument; de manquement si ces conditions manquent. Le 3e. moyē encore meilleur; Mettez le Niveau sur son support, donnez luy sa vraye dispositiō; Regardez par les Pinnules d'vn costé & d'autre deux objets distans, & marquez les points, où le rayon se termine. Tournez vostre Niveau de sorte que l'extremité tournée contre vn objet en la 1e. application regarde l'autre: Et si vous trouvez que le filet battant sur le mesme point, le rayon visuel aille rencontrer les mesmes points qu'en la 1e. application, asseurez vous que vostre Niveau est tres-juste. S'il y a de la difference & de la distance entre les points de la 1e. & 2e. application, les points du milieu seront ceux d'vn juste Niveau: Ce qui est encore vray en la 2e. façon pource que les deux lignes également penchantes, telles que sont celles d'vn Niveau defectueux laissent au milieu celle qui n'a point de pente. Le 4e. tres-exact contient l'examen de plusieurs opperations quand elles ont le dernier point de Niveau, le mesme que le premier, & finissent par le point commençant.

§. 3.

§. 3. *L'Vsage du Niveau soit en chaque operation, soit en plusieurs continuées.*

I. L*'Vsage du Niveau durant le iour en chaque operation*; Deux personnes, du moins sont necessaires : trois & souvent davantage y sont tres vtiles. Le premier aura soin du Niveau & fera tois choses : 1. Il l'appliquera sur le support d'escry cy-dessus : 2. Il le disposera tellement, que le filet à Plomp s'adjuste, & tombe directement & précisement sur la ligne perpendiculaire marquée pour cét effet, & quelques vns pour mieux juger de cette conformité & correspondance se servét de Lunettes qui grossissent l'objet, & qui faisant paroistre les lignes plus grosses feront voir la moindre inégalité, qu'elles auront en leur situation auec le filet à plomp. 3 Il considerera la ligne ou surface que feront les rayons Visuels conduits & determinez par les Pinules, & distinguera bien le point, où elle va aboutir dans l'endroit, où on desire connoistre la hauteur de quelque point. Le second se trouvera au lieu, où vise le premier par sa ligne Visuelle de Niveau, pour y marquer le point sur lequel elle tombe : & pource il aura vn baston long, droit, & éleve verticalement, & dans ce baston vn objet blanc, long, estroit en largeur & mobile, pour servir de but & de signal. & pour marquer le point, sur lequel se trouve la ligne Visuelle du Niveau. C'est pourquoy il haussera & baissera cette marque selon qu'on luy dira, & se placera au lieu qu'on luy designera. Le troisiesme prendra la mesure auec toute exactitude. (Car c'est ce que l'on cherche) de la distance verticale qu'il y à entre le point de Niveau trouvé, & vn autre point compris dans le baston vertical. C'est pourquoy il faut ou que ce baston soit divisé en pieds & en pouces, ou auoir vne mesure juste pour l'appliquer sur telle distance du baston. Il pourra encore mesurer la distance de la ligne de niveau, afin de voir dans qu'elle longueur de chemin se doit distribuer la hauteur trouvée. En regardant le but par les Pinules, il est bon d'en auoir l'œil vn peu éloigné. L'examen est de tourner le Niveau, & voir si les mesmes points se rencontreront de niveau en l'vne & l'autre façõ On peut se servir de Lunettes d'approche.

II. *L'vsage du Niveau durant la nuit*; On voit bien les Estoilles du Ciel durant la nuit. On observe exactement leur lieu, leur hauteur, la situation & distance entre elles, & à nous : Pourquoy ne pourront nous faire le mesme sur des objets lumineux incomparablement plus proches de nous. La nuit la veuë n'est point divertie n'ayant devant soy que l'objet lumineux duquel il s'agit ; & mesme dans les forests, bois, taillis, & autres lieux, on voit l'endroit de la lumiere & de bien plus loin que le iour, on ne pourroit distinguer le blanc. Deux lumieres y sont requises : l'vne à la fin de la ligne Visuelle pour la borner, & pour mõstrer le point du Niveau, au lieu de la marque blanche pour le iour. Car cõme le blanc ou le rouge est l'objet le plus visible dans la clarté du iour. Aussi l'est la lumiere d'vn flambeau dans l'obscurité de la nuit : Et partant elle doit estre mise dans le baston verticale en la maniere que le iour on y adjouste vn objet blanc. L'autre est dans le lieu du Niveau, & sert premierment à voir le mouvement du filet à plomp & à y arrester le niveau, lors qu'il bat sur la ligne marquée; 2. pour faire voir la pinnule éloignée de l'œil, ce que l'on fait mettant la lumiere derriere l'observateur: 3me. Pour servir de signal à celuy qui tient l'autre lumiere, & la luy faire lever ou baisser tourner à droit ou à gauche, selon qu'on levera ou baissera, & que l'on tournera celle-cy. Le reste est commun auec l'observation pendant le iour & se peut également bien faire en l'vn & en l'autre temps.

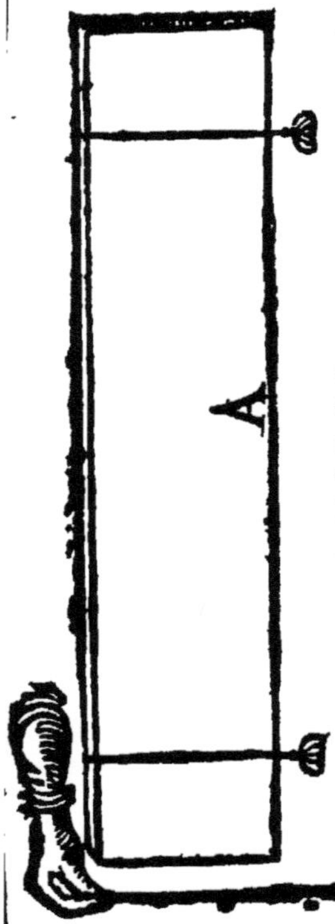

III. *L'vsage du Niveau dans plusieurs operations continuées successivement;* Il est souvent necessaire de faire plusieurs stations & applications du Niveau pour determiner la convenance ou la difference de hauteur entre deux points bien éloignez comme entre vne source, & le lieu où on veut la conduire : Et cette necessité vient ou de la trop grande distance entre ces deux points, ou des obstacles qui se trouvent dãs le milieu, & empeschẽt qu'õ ne puissẽt voir d'vn de ces points l'autre. Le tout consiste à deux points: sçavoir, 1. à joindre chaque operation suivante en mesme point, ou du moins en mesme verticale que la précedente; Afin de ne faire de plusieurs lignes qu'vne totale : Car la Vercale conserve la longueur comme si ce n'estoit qu'vne ligne continuée, & nous apprend la difference de leur hauteur que l'on cherche : 2. A voir ce que chaque suivante nous apprend par dessus la precedente. Le 1er point s'observera si on commence l'operation suivante, ou par le lieu auquel on a fini la précedente, (ce qui fait qu'on va toûjours montant quoy que insensiblement,) ou par vn endroit d'où le rayon Visuel va se terminer à la ligne Verticale du point qui finit la précedente. Ce qui arrive auec trois diversitez. Car où la ligne Visuelle ira se terminer dans le mesme point où a fini la précedente operation, ou plus haut, ou plus bas: Si le 1er. la ligne de Niveau suivante sera de mesme hauteur que la précedente, & la continuëra : Si le 2ond. elle sera plus haute: Si le 3e plus basse. La distance Verticale entre ces deux points determinera la hauteur ou la bassesse de l'vne sur l'autre qu'il

A

faut exactement mesurer & marquer. Pour ce que c'est ce point, qui nous apprend la difference, ou convenance des hauteurs entre deux points que l'on cherche.

IIII. *Advis important sur ce suiet;* Faut sçavoir que le Niveau donne vne ligne droite. de laquelle tous les points ont vne mesme distance sensiblement auec le centre, & par consequent mesme hauteur; comme il a esté expliqué cy-dessus: mais que les points également distans du milieu du Niveau sont en toute rigueur de mesme hauteur. D'où s'ensuit qu'il est bien plus asseuré de mettre le Niveau entre deux objets que nous voulons niveler, en chaque operation, que de le planter sur vn des deux points terminans le nivelage: pour ce qu'en cette 1e. façon on va toûjours montant: là ou en l'autre on y trouve trois avantages: sçavoir de faire plus, mieux & plus-tost les operations. On nivelle plus de chemin en chaque operation: pource que l'on a deux fois plus de distance prenant le rayon Visuel des deux costez du Niveau, que d'vn seul seulement; ce que l'on fait en la 1e. façon, & ainsi on abbrege de beaucoup les stations, prenant les lignes de niveau les plus lõgues qu'on pourra: moyenant que la trop grande longueur n'empesche point la veve distincte des objets, ce qui ne se fait pas la nuit. On le fait mieux & plus exactement: pource que les deux points extrémes de la ligne de niveau prise des deux costez estant également distans, sont en toute rigueur de Niveau, ce qui n'ont auec le milieu que sensiblement: On le fait plus briefvement, à cause qu'on n'a rien de superflu, On ne doit point adiouster ny oster la hauteur du Niveau que l'on est contraint d'adjuster à la grandeur de l'observateur pour faire l'operation auec plus de commodité. Il est vray que pour ce point on auroit quelquefois trop de peine à rencontrer par la ligne de niveau justement le point finissant, ou celuy où on vise. Alors suffit de viser à quelque autre point de la Verticale qui le contient. Si on m'objete qu'en l'exemple & en la figure que ie propose. ie plante le Niveau sur la source pour commencer la premiere operation. Ie répond, que ie le fay pour representer la façon ordinaire: non pas pour la suivre.

V. *L'Examen de ces operations;* Puis qu'il y a vne infinité de façons de prendre le Niveau entre deux points cõpris en deux lignes Verticales, sçavoir, autant qu'il y a de point en la surface de Niveau qui les cõtient, en chacune desquels plantãt le Niveau on doit trouver le méme, il faut conclurre qu'il y a vne infinité d'Examens, pour prouver l'operation faite. L'exercice fera voir tout ce que dessus tres-évidemment. Il est bon de tourner le Niveau alternativement pour recompenser vn manquement qui porteroit plus bas par l'autre qui iroit plus haut.

en la suivante operation.

VI. *La maniere de marquer. & determiner, ce que les stations jointes ensemble nous apprennent*; C'est le 3e. point requis pour la perfection de cét Art qui consiste à deux points. Le 1er. est de faire vne figure semblable : c'est à dire, composée de lignes Horizontales qui nous apprendront la longueur du chemin & des Verticales qui nous monstreront les élevations depressions & convenances de hauteur en divers endrois, On trace autant de lignes sur le papier; qu'on en mesure sur la terre, & de mesme situation, & sur chaque ligne tracée on escrit le nombre des mesures, qu'on y a trouvée: On la rendra plus parfaite prénant les longueurs des lignes sur vne eschelle des petites mesures, (ce qui toutesfois n'est pas necessaire,) Telle figure fait qu'on ne se mesprend pas si aisément: Et de plus elle met sur vne veuë, tellement tout le chemin que par les lignes du Niveau on peut aisément marquer les penchantes & toutes irregularitez, & par consequent juger aisément de la facilité, difficulté, ou impossibilité d'vne entreprise. Voyez ce que j'en dis au Traité des Fontaines Ch. 7. §. 5. Le 2ond point est, d'adjouster en vne somme les descétes Verticales puis en vne autre pareillemét les montées verticales & soustraire la plus petite de la plus grande : Ce qui restera appartiendra à la plus grande : Comme en la figure que ie presente la source est en S. le lieu du rende-vous, où on prétend la conduire en R. les lignes sont entre deux Horizontales & Verticales. Les premieres sont suffisamment continuées entant que chaque suivante commence par la Verticale, où à fini la precedente. Le nombre des mesures descendentes est mis sous V. Celuy des montantes sous T. le reste des descendentes sous O. fait 11 pieds, qui declare la hauteur de la source S. dessus le rende-vous R. Le nombre des Horizontales est sous H. qui monstre la longueur en laquelle il faut faire distribution de telle pente trouvées de 11. mesures.

L'Eau és montées souffre violence: és descentes quoy que penchantes elle a vn mouvement naturel : C'est pourquoy comme j'ay souvent adverti au Traité des Fontaines, il vaut mieux prendre vn chemin bien long auec vn cours naturel de l'eau, qu'vn plus court auec des violences.

Si on adjouste à cét Art celuy de contretirer toute sorte de surface terrestre, on fera des deux vne figure qui donnera la connoissance necessaire pour iuger de toutes les entreprises qu'on pourroit prendre sur la terre figurée: on trouvera l'Art de contretirer traité exactement en vn abbregé que j'ay fait de l'Arpentage. La 2e. partie en donnera des exemples.

§. 4. *Conclusions pratiques, que l'on doit tirer des Operations précedentes.*

I. ON peut aisément tirer vne ligne de Niveau, de quel point que l'on voudra, & la continuer tant que l'on voudra : comme pour auoir la ligne de Niveau depuis la source S. jusques sur le rédez-vous R. il faut tirer de S. vne ligne Parallelle à celles qui sont de niveau; mais qui soit plus basse que la premiere de 5. pieds, & la continuer la tenant basse & haute sur les autres, selon que requiert la continuation d'vne mesme hauteur; 2. On en peut tirer vne infinité d'autres plus hautes ou plus basses de tant de pieds que l'on voudra, prenant & marquant telle mesures en la ligne Verticale dessus ou dessous & tirant par les points marquez la ligne : 3. On peut planter des piquets verticalement élevez, qui auront leurs extremitez superieures dans vne ligne de Niveau, & par consequent seront de Niveau; & on en peut mettre tant que l'on voudra entre d'eux par le moyen du rayon Visuel conduit par telles extrémitez : 4. On peut tracer sur le Terrain vne ligne qui aura telle pente que l'on voudra: comme si on veut qu'elle dascende de 10. pieds, en 10. pieds de 3. pouces; On n'a qu'à faire descendre de la ligne de Niveau vn filet à plomp & vn piquet croissant en longueur apres chaque 10. pieds de 3. pouces: Et si on veut changer de pente en quelque endroit, il faut chãger la longueur Verticale qui en est la mesure, il faut tirer la ligne par les points qui terminent en bas cette longueur; 5. Si on tourne le Niveau circulairement le rayon Visuel descrira vne surface de Niveau, on en pourra marquer tant de points que l'on voudra par tant de piquets desquels l'extrémité superieure se trouvera dans telle surface. Ce qu'estant on peut dresser vne cour, vne terrasse ou plate-forme, & en faire vne esplanade de Niveau, rendant le Terrain plus bas par tout également dessous la surface de Niveau, & dessous les points superieurs des piquets. Si on la veut penchante on changera la longueur de la ligne Verticale prise entre la surface de Niveau & la terre; 6. On peut disposer le Niveau détournant le filet à plomp qu'il monstrera d'abbord vne ligne penchante telle qu'on desirera.

PARTIE SECONDE

LES PRATIQVES DE L'VSAGE DV NIVEAV SVR DES SVIETS PARTICVLIERS.

I'AY rendu l'Art de Niveler tres-infallible par la 1e. Partie: Ie le monstre tres-utile par la 2e. Et si la nature se sert de nos deux lignes: sçavoir, de celles de Niveau pour terminer les Globes Elementaires, & de la Verticale pour determiner le chemin des corps Elementaires L'Art qui imite & applique la nature, les employe aussi tres utilement en mill effects: Et partoculierement pour la conduite des Eaux: Ce que me fait le joindre aux traite des Fontaines.

P*Ratique 1e. Trouver par le Niveau, la hautrur d'vne Montagne, d'vne Colline, & de toute Terre élevée*; I'ay donné autre part la façon de le faire par les rayons Visuels, par les Solaires, le iour & le stellaire la nuit: Voicy deux faços par le Niveau. La 1e. par le Niveau seul. Ayez vn aïs le plus long que vous pourrez trouver, en forme d'vn Rectãgle, tirez y vne ou deux lignes Perpẽdiculaires dãs la largeur, mettez vn des bouts sur la terre cõmençant par le plus-haut, & le Niveau estant dressé, marquez la distance Verticale de l'autre bout, pris en la ligne inferieure sur la terre, & le point marqué en la terre sera celuy, où en fera la 2e. application du Niveau, en laquelle & aux suivãtes il faut faire le mesme, qu'a la premiere; Car si on continuë les applications depuis le haut jusques au bas, & qu'on adjouste toutes les distances Verticales trouvées, la somme totale donnera la hauteur que l'on cherche. Cette façon est bonne pour les distances mediocres. On en voit la figure en la terre penchante, A I qui a 7. hauteurs Verticales, qui adjoustées ensemble font la totale. La 2e. façon par le rayon Visuel conduit par le Niveau demande deux personnes du moins. L'vn pour porter le Niveau, le mettre en vn lieu où il soit ou de niveau, ou à peu prés auec le plus haut point de la terre qu'on presente, en la 1e. application, & en chaque autre applicaiion, auec le pointfinissant de la précedente operation puis disposer & conduire son rayon Visuel par les Pinnules d'vn costé &

d'autre. L'autre pour se mettre au lieu du blanc auec vne pique ou perche lonque élevée Verticalement, laquelle il plantera en divers endrois iusques à ce, que l'extremité superieure se trouve en mesme hauteur, & dans le rayon Visuel. Ce qu'estant, la 1e. application ayant esté faite sur le plus haut point de la terre. Le premier descendant plantera son Niveau, au lieu, d'où par le rayon Visuel & du Niveau, il ira rencontrer d'vn costé le point finissant, & marqué de la précedente operation, & l'autre en bas ira chercher l'endroit où le haut de sa perche se trouuera auec la ligne Visuelle prise de l'autre costé. Et cela estant continué iusques au pied de la Montagne. On n'a qu'à multiplier le nombre des stations par le nombre des mesures de la perche pour auoir dans le produit la hauteur Verticale que l'on cherche. Que si le rayon Visuel & de Niveau en quelques operations suivantes, ne va pas tomber iustement dans le point finissant de la précedente & marqué auec vn piquet, mais vn peu plus haut il faut prendre ces distances & les oster de la totale. Si vn peu plus bas il les faut adiouster. L'Examen de l'vne & de l'autre façon est de prendre la mesme hauteur par divers chemins; & trouver par tout le mesme.

PRATIQVE 2. *Determiner la hauteur d'vne source, ou autre eau sur le lieu où on prétend la faire aller;* Cette pratique est necessaire pour faire aller des eaux soit de source soit d'autre façon dans les Iardins & Offices des maisons par Tuyaux; Dans les Molins pour augmenter leur mouvement; Dans les Estangs pour fournir de l'eau à la capacité du lit, sur les prairies pour les arrouser, & en d'autres lieux pour faire des Reservoirs, Abbrevoirs, Lavoirs, *&c.* La pratique en est entierement expliquée en la 1e. partie, §.3. N.6. & 3. & §.4. où mesmes j'ay expliqué les operations sur vne source, & en la Pratique precedente, si au lieu du haut de la montagne & colline on met le point de la source. Les considerations sur le milieu par où l'eau doit passer sont amplement déduites au Traité des Fõtaines, où ie renvoye le Lecteur pour n'vser de redites. I'adjouste icy à ce que j'ay dis des sources, deux considerations pour servir de supplémẽt. La 1e. est, si les source viennẽt du bas en haut, faites les monter tant qu'elles pourront par la façon d'escrite au Ch.:.§.6. estant mõtées espuisez les: Estant espuissées voyez le temps de leur remontée & la hauteur: Et sur cela joignez le discours mis au lieu susdit auec celuy que ie fay sur les Puys, au Ch.3.§.3. La 2e. il y a des endroits où on y voit toũ ours de l'eau, mesme en temps de secheresse: Cela estant il faut l'épuiser & la vuider entierement, & si elle revient il faut la rechercher creusant à l'endroit, par où on la voit sortir le tout estant vuidé pour s'asseurer d'avantage & voir si on en rencontre d'autres.

I. PRATIQVE 3. *Determiner les bornes d'vn Estang, & le faire*;

C'est vn ouurage qui couste à faire : mais qui estant vne fois bien fait apporte mille fois & mesme à perpetuité de grands profits à son Maistre: Trois choses y doivent concourir, sçavoir, 1. de l'Eau en suffisance pour servir par son amplitude à la nourriture des poissons, & par son mouvement à des Molins & plusieurs autres vsages: 2. Vne concavité & capacité dans la terre à contenir telle eau, & 3. Vne chaussée pour la retenir; & puis pour la laisser couler auec mesure: La nature presente les deux premieres; l'Art y doit adjouster la 3e. Pour l'eau on trouvera au Traité des Fontaines tout ce qu'on peut desirer sur ce sujet. Pour le lit & la capacité d'vn continent, la nature presente plusieurs endrois tres-avantageux à ce dessein : comme sont les lieux bas qui vont descendant & où deux terres penchantes se rencontrent : Pource qu'elles font vne concavité, où les eaux de pluies & des sources se vont rendre, & selon que l'amplitude de ces terres est grande, Les eaux de pluies qui y tombent sont aussi plus abondantes, & quelquesfois seules sont suffisantes, du moins pour les Estãgs qui fournissent l'eau seulement en certain temps, comme pour faire flotter le bois, *&c.* Et si ces terres penchantes viennent à s'approcher de plus pres en vn endroit; c'est là où on fait la Chaussée auec moins de frais & plus d'asseurance. Ce qu'on doit considerer sur ce point devant que de rien entreprendre, est de voir si les terres couvertes d'eau, donnent plus de profit aux proprietaires que les mesmes découvertes & cultivées.

II. *De la Chaussée*; On la rend parfaite la composant de trois materiaux, la terminant d'vne figure en talud, & luy donnant trois ouvertures, qu'on ouure & ferme à discretion pour faire couler l'eau: sçavoir, l'vne au milieu & au fond, & deux aux extremitez & en haut. La 1e. qu'on nomme vn Noc fondrier est pour vuider l'Estang quand on le desire. La 2e. dite vn Noc à meule ou vn Canal à porter l'eau sur la roüe du Molin : La 3e. est appellée la descharge pour dõner liberté aux eaux trop abondantes & excessives de sortir & couler. Ie laisse ce qui est trop visible pour traiter briefvement de ce qui est plus importãt. La Chaussée est faite d'vne clef de Conroy que l'on met au milieu entre deux amas de terre, qui vont croissant en largeur vers le fond, & qui sont du moins du costé de l'eau revestuës d'vne couche & rangée de grosses pierres, pour repousser, resister & soustenir les vagues de l'eau agitée par les vens, & la pression de la mesme, & pour fortifier la Chaussée. Le Cõroy n'est autre que vne terre argilleuse de l'espesseur d'envirõ d'vne toise bien détrempée bien paistrie & foulée soit auec les pieds, soit auec des instrumens pour s'vnir & se lier fortement par ensemble, & ne laisser à l'eau aucun passage pour petit qu'il soit : comme aussi la moindre ouverture que l'eau trouveroit, quand ce ne seroit qu'vn petit filet, seroit en moins de rien agrandie par la force & par l'impetuosité de l'eau. Et si l'eau est haute elle fera ouverture où elle trouvera vne resistance moindre que son activité ; ce qu'ont experimenté à leur dam ceux qui ont élevé trop haut leur Chaussée. Cette argile doit auoir pour fondement l'argille naturelle: c'est à dire, doit estre posée sur elle & dans elle : Pource que comme, pour les bastimens il les faut fonder sur vne terre ferme & immobile capable de soûtenir tout le pois sans bransler, ny changer aucunement : Aussi pour les chaussées on cherche vne terre, qui soit non seulement immobile ; mais encore si solidement remplie que l'eau n'y puisse trouver aucun pore pour passer: Ce qui cõvient à la seule argile, cõme aussi c'est vn trait de la Providence Divine d'en auoir mis par tout assez prés de la surface terrestre, pour y arrester toutes les eaux, & en faire des sources en divers endrois : ce qu'on peut lire amplement déduit au Traité des Fontaines Chap. [illegible]. Aussi ceux qui font les puys & les Estangs, asseurent auoir toûjours trouvé des couches d'argilles necessaires à leur dessein. On l'esprouve y faisant vn trou & le remplissant d'eau : Car si l'eau s'y conserve comme dans vn verre le Conroy est excellent. Partãt le Conroy artificiel de la Chaussée joint & vni avec le naturel, empesche toute sorte de passage à l'eau: Et d'autant que l'argile est sujete à se fendre en sechant, les vns la laissent fendre pour mettre aux crevasses du nouveau Conroy & la fortifier d'avantage: Les autres y meslent vne espece de terre grasse qui sert au lieu de mortier és murailles & ne crevent point. Il faut laisser cette decision aux experts des lieux qui connoissent bien la nature de l'argille qui y croist. On doit élever cette clef de Conroy vn peu par dessus la decharge, & pour la fortifier & cõserver en frécheur & humidité on la couvre de deux pieds environ, & on luy joint d'vne part & d'autre vne grande espaisseur de terre bien pressée, qui va s'élargissant des deux costez vers le fond, & plusieurs donnent à ces terres autant de largeur en bas, que de hauteur, ce qu'on nomme Talud. On les revest du moins celles, qui sont cõtre l'eau d'vne rangée de fortes pierres, qui ne sont vrtées des vagues qu'obliquement à cause du Talud, & partant que foiblement. La largeur du chemin & du haut est de trois toises du moins. La déchargé qui doit estre proportionné à la quantité des eaux est de deux pieds plus bas que le chemin : Et si elle est de grande hauteur comme on peut la faire, on peut y pratiquer vn Molin à Piroüete. Ceux qui font aller l'eau au Molin par vn canal propre & mis à costé de l'Estang continuënt à moudre, lors mesmes que l'on pesche l'Estang.

III. *Du Noc fondrier ;* C'est vn Tuyau ou Canal en quarré mis au fond & au milieu de l'Estang qui à sa longueur égale à la largeur inferieure de la Chaussée, & en son commencement vne piece dite la Bonde propre à l'ouurir selon les necessitez & les diverses occurrences. Ce Canal est fait ou de bois ce qui est ordinaire, ou de pierres jointes, auec vn fort ciment en forme de murailles, ou de pierres de tailles tres-bien vnies par ensemble. Il est bon de la faire en s'élargissant, car cela réd la sortie de l'eau plus aisée; comme on peut esprouver en deux entonnoirs, dont l'vn aura son Tuyau contre la façon ordinaire qui ira s'agrandissant: car l'eau y coulera plus viste, & les Cheminées faites de la sorte ne fument point. La grosseur doit estre proportionée à la quãtité d'eau: Car estãt petit l'eau demeureroit trop long temps à s'écouler. S'il est de bois on prend d'ordinaire vn gros arbre qu'on cave en quarré, & qu'on couure d'vne planche, espaisse, bien adjustée, & fortement chevillée, on environne le tout d'vn fort Conroy. Quant à la Bonde, la coustume a esté d'adjouster à ce Noc ou Canal des pales qu'on baissoit pour le fermer, & qu'on levoit pour l'ouurir: comme on en peut voir l'vsage és Molins & en diverses rencõtres. Mais on a trouvé que deux grosses pieces de bois, l'vne concave en forme d'vn Cone rétranché, c'est à dire, qui va s'amoindrissant, l'autre convexe de mesme figure & grosseur comme sont les moules des chappeaux, qui vont se retrecissant ferment bien plus justement, resistent plus fortement à l'eau coulante & n'ont rien difficile que le 1. r. mouvement à les elever Ce qui les a mis en vsage & en vogue. Les Robinets sont fais de cette sorte & ne sont differens qu'en grosseur. Glaubert tient cette façon la meilleure pour fermer les Boteilles qui contiennent les esprits des plãtes & mixtes. Pour élever du haut de l'Estang, cette piece convexe pour vnir & affermir l'autre auec le Noc & rédre le tout immobile, il y faut adjouster les autres pieces que font les Charpentiers & qui sont communes à tout Estang.

IIII. *Remedes aux manquemens;* L'Estang estant bien fait subsistera les siecles entiers, sans qu'il y faille toucher: D'autant neantmoins qu'il y arrive qvelquefois des pertes d'eau il en faut sçavoir les causes, & les remedes. Si l'eau en sort par vn trou éloigné de l'Estang, on a sujet de croire que la perte se fait dans le lit & la concavité, & pour lors on jette de la bale d'Avoine, du son, de la paille hachée ou autre corps leger & surnageant sur la surface de l'Estang qui est lors en repos, &

pour lors ces corps legers petit à petit s'assemblent & se vont rendre vers l'endroit de la sortie & s'en aprochent en tournoyant. Le lieu de la sortie qu'on nomme vn entonnoir estant trouvé, les vns le remplissent de chaux détrempée, qui va chercher les moindres fenres, & s'y durcissant les bouchent: les autres y mettét du Cõroy: particulierement si le trou est grand. 2. Que si on voit bien le lieu, par où l'eau sort de terre sans pouvoir découvrir l'endroit par où elle entre dans la terre & quitte l'Estang, on est contraint de remonter en creusant, iusques au lieu de de la perte de l'eau. 3. Si le Noc est bouché il vaut mieux découurir la terre qui est à l'entour du Noc iusques à ce que l'eau en sorte, que de fendre toute la hauteur de la Chaussée. Si le lieu est favorable; & s'il à vne descente continuée on peut multiplier de la méme eau les Estangs, les Molins, & autres vsages de l'eau. Voila ce que font les Arts Mecaniques, Voicy ce que l'on doit attendre de nos Arts Liberaux.

I. PRATIQUE. *Determiner les bornes d'vn Estang que l'on prétend faire;* Cette Pratique est necessaire pour sçavoir les terres qui seront inondées & couvertes d'eau, & pour dédomager les proprietaires de celles qui y seroient comprises. Pour le faire il faut supposer à quel point de hauteur on veut mettre la décharge de la Chaussée: pource que c'est là le point auquel l'eau doit monter: Ce qu'estant déterminé plantez y vn piquet & vne marque visible, cherchez & choisissez vn lieu éloigné de ce point, ou ayant planté vostre Niveau, & l'ayant disposé comme il faut vers vn tel point vostre rayon Visuel aille iustement se terminer sur le point marqué & designé pour la hauteur de la Chaussée. Ce qu'estant tournez dans le mesme lieu vostre Niveau en rond, & en chaque endroit que vous voudrez arrestez-le: Voyez quel point du Terrain marque le rayon Visuel, & faites y planter vn piquet: Car tous les piquets marquez de cette sorte tous serõt de Niveau entre eux & auec le point de la décharge, & monstreront les bornes de la figure de l'Estang; Et puisque on peut faire la mesme observation de mille endrois differens, ce sont autant de moyens d'examiner & de s'asseurer de la re. Outre qu'on peut faire le mesme la nuit mettant des lumieres au lieu où sont les piqeets.

II. PRATIQUE *Declarer la plus grande profondeur de l'eau dans l'Estang;* Servez vous de la 1e. & 2e. Pratique de cette 2. partie pour connoistre la hauteur d'vn lieu tel qu'est le haut d'vne Montagne ou d'vne source, & icy la ligne des bornes, sur vn autre lieu, tel qu'est le bas de la Montagne le rendez-vous de l'eau de la source, & icy le lieu le plus bas de l'Estang, ou autre.

PRAT. 3e. Declarer l'amplitude de l'Estang & en tracer la figure;

Il est expedient de la connoistre pour conclurre la quantité des poissons qu'il pourra nourrir, l'Art d'Arpenter declare le 1er. dont j'ay fait vn Traité bien exact, & particulierement du moyen de contretirer la figure d'vn plan terrestre. Partant si vn journal d'eau peut entretenir 100. poissons; on conclurra aisement le mesme du total.

I. PRATIQVE 4e *Rendre les Rivieres navigables*; C'est les rendre tellement profitables au public, que le profit se trouve toûjours million de fois plus grand que n'est la dépense: Le mal est que les dépenses sont presentes, & pour ceux qui n'en auront point le profit, lequel est futur, & pour ceux qui n'y auront point travaillé: Par exemple, Quoy que ce soit auec de grands frais qu'on aye rendu la Riviere de Rhedon à Rennes, où ie suis navigable; si neantmoins on compte les marchandises qu'elle a déja apporté, & les charrois qu'elle a repargné on trouvera que le profit a surpassé depuis 80. ans vn million de fois la dépense, outre que le gain va toûjours multipliant sur la dépense vne fois faite; Aussi plusieurs de ceux qui les entreprennent sont contens pour se dedomager, & y gagner de perçevoir le revenu durant quelques années d'vn ouurage qui doit durer à perpetuité. On tient qu'é la Chine, à cause de la quantité de ses Rivieres, il y à autãt de vaisseaux que dans tout le reste du monde; Les pays Bas & autres Provinces qui se sont procurez ce benefice en jouïssent auec grand profit & contentement, faisant venir à eux les fruis des terres & les ouurages des Artizans éloignez, Le commerce en est incomparablement plus grand, & les voyages plus aisez, asseurez & commodes.

II. *Deux conditions sont requises pour rendre ce dessein effectif*; La 1e; est, La quantité d'eau pour faire vne profondeur suffisante à supporter les Batteaux sans qu'ils puissent estre arrestez par les sables, ny brisez par les rencontre de pointes de Rochers. La 2e. est, Le repos ou vn mouvement moderé de l'eau, pour donner moyen de la naviger, tant en montant qu'en descendant: pource que la trop grande celerité met en danger les Navires qui souvent en descendant ne peuvent éviter le vrt contre quelque corps dur, ny en montant resister à l'impetuosité. Le mouvement tardif vient d'vne petite pente comme le repos de la surface de Niveau.

III. *Les empeschements de la 1e. condition, qui est la profondeur de l'Eau*; I'en compte quatre: Le 1er. est, la trop petite quantité d'Eau, qui est ordinaire és pays plus élevez, & qui sont proches des sources: Car vne Riviere qui ne vient que de 6. ou 7. lieuës ne peut pas en ramasser suffisamment s'il ny a quelque Estang, quelques source extraordinaire ou le concours de plusieurs rivieres ou ruisseaux. Au contraire les pays maritimes des continés ont les eaux de plusieurs Provinces, & par consequent grandement multipliées, tels que sont les pays Bas, qui sçavent bien s'en servir. La Bretagne à la reserve du Loir n'a point d'autres Rivieres que celles qui se forment dans son estenduë. Le 2nod. est, la grande largeur du Lit. Pource que la mesme eau perd en profondeur ce qu'elle gagne en largeur, & l'eau qui dans vn ample Cuve sera haute d'vn pied dans vne trois fois moins capable le sera de trois: l'augmentation de la largeur est la diminution de la profondeur à vne mesme Eau. Il y a des Maisons, qui n'ayant que l'eau d'vne source pratiquent des fossez, & des canaux bien longs mais estrois, qui portent Batteau. Le 3e. sont les Rochers, les Bancs, & les Escueils, qui sont dangereux, non seulemét dans les Mers, mais encore dans les Rivieres, où ils sont plus visibles. Si donc il se trouve des pointes de rochers, ou des sables amassez proche de la surface de l'Eau ils ostét la profondeur à l'eau en ces endrois, & de plus nuisent aux navires; qui en sont brisées ou assablées, passant par là auec celerité. La Riviere de la Plata qui a 12. lieuës de large, est herissée de Rochers, que les eaux vrtent auec tant de bruits qu'on l'entend de 4. lieuës. Le bruit qui vient des Rochers proches Pentmarc en la basse Bretagne, vrtez des vagues de la Mer s'entendent beaucoup plus loing. Le 4. est le trop peu de hauteur des bors qui retiennent l'eau dans le Lit, où la trop grande difficulté de caver le Lit & le rendre plus profond: comme quand c'est vn Rocher. Nous ne trouverons que trop de rivieres en France où ces empeschemens se rencôtrent. Outre ces 4. que ie nôme naturels: pource que c'est la nature du Globe Terrestre qui les presente: Il y en à d'autres, que ie nomme civils: pource que ce sont les hommes qui les font naistre, & souvent arrestent les desseins, qui d'ailleurs sont faisables & avantageux au public. Ce sont les proprietaires des Rivieres & des terres adjacentes, des Molins qui y sont bastis, & de divers drois qu'on à sur tels lieux, ils sont souvét envieux, ou par trop attachez é leurs propres interests des apprétiateurs injustes de leurs biens, qui demandent des dedomagemens si extraordinaires, qu'on est contraint de quitter vn ouurage vtile au public, particulierement quand on diverti l'eau de son cours ordinaire, & qu'on en prive ceux qui en jouïssoient lors, la plainte est plus iuste.

IIII. *Remedes aux empeschements naturels;* Contre le 1er. On peut auoir suffisamment de leau: 1. Détournant les eaux de quelque Riviere voisine, Estang. ou ruisseaux, ou autre amas d'eau qui va se déchager autre part, & la faisant entrer par la prat. 6. dás la riviere qu'ô veut rendre navigable: 2. Rendant le continent ou le lit plus estreit; comme si la Riviere à vn pied de hauteur: si 3. suffisent pour les Batteaux communs la faisant trois fois plus estoite on aure la profondeur desiree: pource que de cette sorte l'on met trois largeurs égales d'vn pied de hauteur l'vne sur l'autre: 3. Faisant des Ecluses, Digues, Chaussées, pour arrester l'eau, & la retenir en vne hauteur convenable, auec des descharges pour ne la laisser couler que quand elle montera sur telle hauteur. Et de cette sorte on aura moyen de naviger dessus, sinon en tout temps, du moins apres le temps requis pour la remplir; sinon auec de grands Batteaux, du moins auec des mediocres, vn peu d'eau coulant toûjours, & estant retenuë monte enfin à vne hauteur suffisante, fait de Lacs tres-amples, & par tant ce moyen seroit tres-efficace en plusieurs petites Rivieres, si les Ecluses estoient sans Molins. Le 2ond. empeschement s'ostera rendant le Lit plus estroit. On le retrecira faisant des digues & murailles, soit de pierre, soit de Conroy, soit de pieux, facines & autres matieres. Le 3e. sera surmonté ou changeant de Lit, ou rompât ces pointes de Rochers auec marteaux, coings d'acier, feux, poudre à canon, & par mines, &c Le 4e. sera osté ou haussant les bors comme on a fait au Loir & autres Rivieres sujettes à inonder ou creusant le fond, & le continent & le rendant plus profond.

V. *Remedes aux empeschemens Civils.* Les proprietaires des Eaux & des Terres qui leur sont contiguë des Molins & autres bastimens, & profits qui leur en vient se souviendront que l'interest & le bien particulier doit ceder au bien public, & qu'eux mesmes joüiront plus que les autres du bien que tel ouurage apportera, & qui rendra leurs terres plus cheres, leurs fruis plus faciles a estre vendus; Outre que on peut dédomager; & mesme trouver le moyen de conserver leurs Molins par des inventions, qui mesmes augmenteront l'eau: Comme aussi les Molins sont bien necessaires au public, qui partant doivent estre conservez. Et premierement les Chaussées qui arrestent l'eau, servent à ces deux vsages, sçavoir, 1. à ne faire point manquer l'eau au Molin, à la retenir toute dans toute l'estenduë pour la faire tomber sur la Rouë, 2. à retenir l'eau en certaines hauteurs, que les Batteaux requierent pour estre portez sur l'eau: partant le proprietaire y trouve son profit particulier, & le public le sien, soit pour moudre, soit pour naviger. La difficulté est à donner passage aux Batteaux, soit à cause de la cheute de l'eau élevée soit à cause de la perte. A quoy on a trouvé les diverses industries suivantes.

VI. *Les diverses inventions sur ce sujet;* Les vns font au costé opposite du Molin dans la Chaussée & Ecluse, vne seule porte en vn endroit où l'eau n'a point de cheute, mais vn cours viste. Et quand les Navire y doivent passer devant que d'ouurir les portes on les attache à vne cheine, laquelle est retenuë & laschée en la descente, retirée en la montée par vn Capestan: c'est à dire, vn instrument, qui à cette force de surmonter la resistance de l'eau en la montée, & moderer la celerité en la descente, On peut voir cette façon à Sablé & autres endrois: l'Invention qu'on peut voir depuis Rennes à Rhedon est bien plus efficace & asseurée: C'est de faire vne chambre à eau auec deux portes, l'vne desquelles s'ouure la 2. demeurant fermée pour donner entrée aux Batteaux: Puis les Batteaux estãt dedans la 2. s'ouure apres qu'on a fermé la 1. pour dõner sortie aux Bateaux: cela se fait sans que les Molins fassent grande perte d'eau. D'autres font vn Canal détonrné, profond & estroit qui prend l eau devant le Molin, & la va rendre bien loing sans y mettre des portes, quand la riviere a suffisamment de l'eau pour les deux vsages auec vne porte pour éviter le courant, & la trop grande vitesse de l'eau de la 1. façon: ou auec deux pour conserver davantage l'eau: D'autres font vn Canal qui prend vne partie de l'eau d'vn lieu bien éloigné du Molin & de fort peu de pente pour l'avoir plus grande à la cheute sur les Rouës du Molin. L'autre partie de l'eau continuë son cours dans vn Lit plus estroit & creusé pour recevoir & porter les Batteaux. Dans les Pays Bas ils font des Ecluses & des Chaussées d'vn talu ample & bien lõg, qui en vn endroit à peu de pente, & est accommodé d'aïs polis, pour faire descendre doucement les Batteaux: Et pource l'eau qui y coule n'est n'y trop grãde pour supporter entieremẽt les Batteaux & les faire descendre auec trop de vitesse, ny trop petite pour les faire trop peser sur le fõd. Outre que on y plante des Machines pour retarder és Navires la trop grãde celerité en descendãt, & resister à l'impetuosité de l'eau en mõtant. L'eau entre telles Ecluses se maintiẽt en vne hauteur covenable. D'autres esperent réüssir par des Molins à piroüete, à cause qu'ils ne demandent pas ny tant d'eau ny tãt de hauteur: pource que és autres Molins l'eau applique son mouvement sur vne grande Rouë, & par elle sur vn Essieu gros comme vn arbre, lequel fait mouvoir vn autre Essieu, & par luy la Meule qui luy est attachée. C'est contre ce 2ond Essieu que ce Molin directement & immediatement applique l'effort de ces eaux quittant le premier, outre que l'eau y agit auec plus de vitesse. La plus admirable invention à mon advis, est celle du Canal de Briare, qui fait passer les vaisseaux de la Riviere du Loir qui se va décharger à Nãtes, à celle de la Seine qui passe par Paris: C'est vn Canal composé de plusieurs particuliers, qui vont montant les vns sur les autres d'vne certaine hauteur, chacun à sa porte pour arrêster l'eau, & vne hauteur suffisante pour la faire monter iusques à vne hauteur qui puisse porter les Bateaux non seulemẽt dans toute sa longueur, mais encore dans celle du Canal superieur. Ces Canaux reçoivẽt leurs eaux des Estangs qui sont dans les Montagnes superieures, les Batteaux ayant de l'eau suffisante pour entrer dans vn Canal la porte estant ouverte, y entrent. Où estant on ferme la porte & on ouure celle du Canal superieur, qui fournit de l'eau à l'inferieur à la hauteur qu'il faut pour y faire entrer le Batteau. Où estant on le fait passer au 3e. plus haut par la mesme industrie & du troisiesme au quatriesme.

VII. *Du repos ou du mouuement tardif de l'Eau*; C'est celuy qui rend les Rivieres navigables des deux costez, & fait que les Batteaux chargez de marchandises d'vn pays haut retournent chargez de celles d'vn pays bas, & ont double profit : Les cheutes & Catadoupes du Nil en Affrique, les Sauts du fleuve de S. Laurent en Canada arrestent entierement la navigation, & contraingnent de faire porter par terre les marchandises du bas en haut, ou du haut en bas : mais aussi en recompense la Riviere a moins de pente autre part, & vn mouvement plus tardif, & sans cela on pourroit aller & revenir, par vn chemin assez droit de France à la Chine & aux autres pays Orientaux, & c'est sans crainte de rencontter des ennemis puissans, ou de souffrir des naufrages. La trop grande celerité comme celle du Rosne en France, du Tigre en l'Asie, rendent le retour des Navires quasi impossible, & l'allée dangereuse. Et d'autant que telle celerité vient de la pente, ou de l'abondance des eaux, ou de toutes deux le remede est tres-aisé à trouver: sçavoir est, de faire vn Lit à l'eau entre deux termes de certaine pente, & difference de hauteur, d'autant plus long que nous voulons la pente plus petite, & la celerité moindre: comme si la Riviere dans vne demie lieuë a 3. pieds de pente, la faisant couler par vn chemin trois fois plus long dans la mesme pente elle aura vne pente trois fois moindre: pource que la pente de trois pieds estant distribués à vn chemin trois fois plus lõg, doit estre en chaque partie égale à l'autre trois fois moindre, & partant le cours trois fois plus tardif. De mesme si on agrandit le lit on oste l'effet de la trop grande abondance, c'est de cette sorte qu'on pourroit éviter les Sauts du Fleuve de S. Laurent.

VIII. *Conclusion*; Cela estant ainsi, ie croy que deux ou trois personnes intelligentes soit des eaux, soit de diverses industries, dont on se sert sur les eaux en diverses Provinces, qu'ils auroient veu en l'exercice feroient bien de parcourir non seulemẽt les bornes d'vne riviere, qu'on voudroit rendre navigable, & visiter les lieux voisins, mais encore auec vn petit Bateau aller dessus pour y remarquer tous les avantages & desavantages, soit des eaux, soit des terres adjacentes, s'en informer

soigneusement

I. PRATIQVE 5. *Dessecher les Marais & les terres trop humides*

De l'importance de cette Pratique; C'est elle qui change les Terres, & de tres-steriles les rend tres-fertiles, de préjudiciables à la santé à cause des eaux croupissantes; tres-saines à cause des odeurs & exhalaisons dont les plantes remplisent l'air, & en fin qui des lieux de non valloir en fait des terres de grand prix. Car si les eaux coulantes soit de pluies, soit d'arrousement ou autres, sont principes de fecondité se changeant en espis, en herbes, en plantes, en foin, les dormantes sont principes de corruption & engendrent des animaux, de pourriture; l'Egypte, le Royaume du Tunguin & autres Prouinces doivent leur grande fecondité aux débordement du Nil & autres Rivieres: pource que l'eau n'é est que passagere; Rome doit la peste dont elle a esté souvent infectée au débordement du Tibre; pource que les eaux s'arrestent sur la terre auec les poissons qui y meurent & s'y pourrissent. Au prés de Clermont en Auvergne vne grande campagne inondée & in[illegible] a tellement changé depuis peu d'[illegible] par la décharge de ses eaux, que c'est vne merveill[illegible] de voir la multipliaction des grains qu'elle rend un sa mollon, sur celuy qu'on luy jette en la semant. Plusieurs s'estoient efforcez de la desecher, qui y ont bien dépensé sans profit par la seule ignorance de l'Art du Niveau. D'autres y ont travaillé apres eux auec plus de succés. En Hollande plusieurs terres retenant le limon & la graisse, ont perdu par cette pratique la trop grande quantité d'eau, dont elles estoient noyées; & payent maintenant auec excés à leurs proprietaires par l'abondance des fruis qu'elles portent, les frais qu'on a fait à les dessecher. Dans les Cartes de la Provin[ce] d'Ollande, on les dépeint par lignes Paralelles pour monstrer les sillons, & d'autres traversantes pour monstrer les fossez par où on vuide l'eau. Mais sur tout en Angleterre il y a vne Province entiere, qui estant sans contredit, la plus infructueuse de toutes par la demeure perpetuelle des eaux est devenuë en toute verité la plus abondante de toutes, par l'écoulement de toutes les eaux. On en peut voir vne Carte particuliere dédiée aux Seigneurs qui ont entrepris de la desecher, & jouissent presentement auec vn tres-grand profit de leur travail. Si ces grandes amplitudes de terre par trop & toûjours humectées par des eaux en repos ne sont pas si frequentes, il est tres-ordinaire de rencontrer de moindres pieces de terre par telles eaux steriles, & qu'il est facile de faire fecondes.

II. *Du moyen de réussir en ce dessein*; Il est certain que cecy ne se peut faire que par des fossez & tranchées faites dans tels lieux & continuées en pente jusques à quelques endroits où les eaux coulent; pour ce que l'eau par sa pesanteur naturelle trouvant vn lieu plus bas, tel qu'est celuy des fossez ne manque pas de s'y rendre, & y estant de suivre la pente du fossé, & par cette pente de quitter le lieu de sa naissance & demeure, & de parvenir à vn endroit, où elle se joint auec les autres eaux, pour couler à la Mer. Partant si le lieu qu'on presente est sans pente, il faut tenir le dessein impossible; tel que sont toutes les Mers & tant de Lacs desquels on peut bien faire sortir de l'eau, mais non pas les tarir. Il est encore certain que c'est par le niveau seul qu'ō peut terminer cette question, si l'eau dans vn tel lieu à pente & décharge ou non; témoin ce que ie viens de dire des Marais d'Auvergne. La difficulté est de bien reconnoistre la possibilité du dessein, & puis de sçavoir determiner les endrois par où on doit faire les fossez auec plus dauātage: c'est à dire, sans rien oublier de necessaire, & d'vtile, ny entreprēdre de superflu. Sur quoy ie dis. 1°. Qu'il faut sçavoir les lieux d'vn tel Marais, qui sont les plus bas; & ceux qui sont les plus élevez, & de cōbien à l'égard de ceux, par où on pretend [illegible] couler; Pour cōclurre si on peut les dessecher entierement ou en partie seulement: ce qui [illegible] aisé si tels lieux permettent qu'on puisse les visiter de pres auec le niveau: Car encore bien que j'aye donné l'invention de prendre & la figure & les hauteurs ou profondeurs des lieux, de loing on est bien plus asseuré de le faire de pres sur les lieux mesmes; Ie dis de plus que pour faire vn bon chois des endrois qu'il faut fossoyer, quand ils ne sont pas aisément reconnoissables; Il faut ioindre l'art de contretirer parfaitement la figure d'vne sur[illegible] terrestre que j'ay donné tres-exact dans vn abbregé de l'Arpentage auec celuy du Niveau, c'est à dire visiter le circuit, & le dedans tant que le lieu le permetra auec la cheine pour aprendre les longueurs, & auec vn du moins des 4 instrumens que ie donne pour prēdre les Angles, que font ces lignes en leurs concours, & auec vn Niveau pour sçavoir la hauteur ou profondeur de chaque endroit. Car par les deux premiers instrumens on tracera vne figure parfaitement semblable à l'original. Il est expedient de la faire bien ample. On y marquera exactement les hauteurs ou profondeurs des terres trouvées en chaque endroit: (Et ce qui y dōneroit la derniere perfectiō,) on les y representera. & on y fera écouler les eaux. De plus on y escrira ce que l'on aura apris & observé, capable d'ayder ou d'arrester le dessein: Ce qu'estant fait on aura sous vne veuë tous les antecedés, qu'on pourra souhaiter pour conclurre vn tel ouurage auec les particularitez & circonstances plus favorables. Il ne faut pas pretendre de pouvoir rencontrer vn moyen plus efficace. Pour voir & marquer tous les endrois par où on peut faire couler l'Eau, les avantages de chacun & pour choisir le plus favorable.

PRATIQVE 6. *Le moyen de joindre les Rivieres & les Mers;* On le fait en deux façons. L'a 1e. est de deux Rivieres de n'en faire qu'vne soit faisant quitter le Lit à vne des deux pour se joindre auec l'autre, soit faisant quitter le Lit à toutes deux pour prendre vn chemin tout nouveau. On peut de mesme de trois Rivieres non navigables, en faire deux navigables. Mais cette façon interresse trop les personnes & les Cōmunautez entieres & justement, puis qu'on les prive de l'eau & des profits dont ils jouissent par bōs tiltres, & par vne prescription pacifique de plusieurs miliers d'années. L'autre se fait par vn canal pratiqué entre d'eux; qui se replit ou de toutes deux ou prenant ses eux d'ailleurs, se décharge dans toutes les deux. C'est cette communication, qui double le commerce faisant passer les fruits des terres, & des animaux, les ouurages des hommes, & les hommes mesmes d'vne Riviere à l'autre, & de celle cy à toutes les terres adjacentes: & par celle-cy aux plus éloignées. I'ay fay vn assez grand dénombrement en ma Geographie, Chap. 5. 6. 5. soit de ceux qui ont entrepris ces ouurages apres de grandes recherches experiences, & vne meure deliberation, soit des trop ignorans & temeraires, qui n'ont peu achever ce qu'ils auoient commencé & avancé auec de grandes despenses, & bien du travail. Tel a esté sur tout autre le dessein de joindre la Mer Rouge auec la Mediterannée. Leur proximité estoit vn grand motif à cette entreprise. Nero Roy de l'Egypte y employa onze mille ouuriers, au rapport d'Herodote. Vn des Ptolomées, comme aussi Cleopatre prirent ce dessein, & en fin Sultan Soliman, qui y fit travailler 50000. hōmes, ce dessein ne révssit pas soit, pour les trop grands empeschemens dans les terres, soit pour la plus grande élevation de l'eau de la Mer Rouge, sur celle de la Mediterrannée, & cette élevation qui eût inondé & perdu le bas Egypte vient de la plus grande rareté de l'eau. & cette rareté, de la plus grande chaleur, & cette chaleur des rayons du Soleil plus directs & ardens.

II. *Ie dis 1e. Que n'ayant égard qu'à la seule pente necessaire pour la jonction de deux Rivieres ou deux Mers, selle jonction se peut faire de quel point qu'on voudra de l'vne à tel endroit qu'on desirera de l'autre.* Soient deux Rivieres A. & B. soit C. l'endroit de A. & D. celuy de B. ausquels ont veut pratiquer la jonctiō C. sera ou plus haut que D. ou plus bas ou égal & de Niveau. Si plus haut A. cōmuniquera ses eaux par C. à B. Si plus bas A. receura les eaux de B. Si égal tous deux rempliront le Canal metoyen. D'où s'ensuit 1e. Qu'à cause que les Rivieres A. & B. vont en descendant depuis la source iusques à l'ébouchеure de la Mer. Elles ont des points de differente hauteur & bassesse. Partant quand

D

on veut faire aller les eaux de A. a B. on doit prendre vn point plus haut en A. plus bas en B. Que si on trouve entre deux Rivieres vn Estang, vn Lac, ou autre grand amas d'eau pour remplir le Canal commun; Il faut prendre dans les deux Rivieres deux endroits plus bas pour y faire couler l'eau.

II. Ie dis 2. Que la pente s'y trouvant la difficulté & l'empeschement de cette Pratique ne peut venir, que ou par le manque de l'eau, ou par les terres dans lesquelles il faut faire le Canal commun. Le 1er chef est tres aisé à reconnoistre: à cause que les Lacs, Estangs, ruisseaux & autres causes de l'eau sont visibles, & font voir à l'œil ce qu'elles peuvent contribuer, Partant c'est au milieu où il faut sur tout s'arrester, & y rechercher tout ce qui peut ayder ou empescher le dessein de la jonctiõ. La difficulté consiste en trois points, sçavoir est, aux empeschemens naturels, puis aux civils, & 3. à la distance ou longueur du Canal. Les empeschemẽs naturels sont les Collines & Montagnes, qu'il faut percer & caver: les vallées, âbysmes & autres cavitez qu'il faut combler, & remplir, ou passer auec des ponts & arcades: les entonnoirs ou lieux sablonneux qu'il faut boucher: les rochers qu'il faut rompre, les Marais qu'il faut descher & accommoder pour recevoir les tranchées du Canal commun, les terres basses qu'il faut garantir des innondations: ce que seul arresta ce grand dessein de la Mer Rouge mis cy dessus. Les Civils sont ceux que forment les proprietaires des lieux, desquels j'ay déja traité en la Pratique 4. La distãce multiplie les travaux, & les empeschemens mis cy-dessus, & il est bien difficile qu'elle soit grande sans rencontrer de grands obstacles. Ceux à qui il appartient de conclurre ce dessein suppurteront les frais & les dépenses requises à l'execution d'vn tel ouurage, pour surmonter ces trois sortes de difficultez, & les considereront non pas absolument, mais relativement au profit qui s'en ensuiura: Et pour juger plus solidement de tout rien ny peut tãt servir qu'vne figure exacte des terres comprises entre les deux Rivieres, auec les marques ou notes en chaque endroit des hauteurs ou profondeurs qu'on y a trouvé, des observatiõs faites & des informatiõs receuës sur le dehors, Et pour le dedans des terres on en pourra apprendre les circonstances y fouiflant des puys. Pource que sur telle figure on pourra tracer tous les chemins, par où on croit pouvoir faire le Canal commun, reconnoistre les avantages & desavantages de chacun, & choisir celuy, qui aura plus de l'vn, & moins de l'autre que l'on marquera sur le terrain auec des piquets, qui auront leur extremité superieure de Niveau, ou élevée sur les autres d'vne hauteur connuë, pour sçavoir en qu'elle bassesse sont les points où il faut faire le fõd du

Canal commun, lequel sera reglé par tels points. La Pratique suivante servira encore à cette-cy & aux precedentes,

PRATIQVE 7. *Faire divers Canaux d'Eau*; Ie les reduits à trois sortes, les vns sont petits, & sont faits pour auoir de l'eau à divers vsages domestiques: comme pour boire, pour arrouser, faire divers reseruoirs *&c* Les autres sont grands, & sont pour porter des Battaux, joindre les Fleuves, qui se vont rendre à diverses Mers. Les troisiesmes sont entre d'eux, & sont pour faire flotter les buches de bois, & les conduire à vne Riviere, & de la à vn Bourg ou à vne Ville. pour faire mouvoir les rouës des Molins, & par eux mille effets differens, & pour autres semblables employs qui ne demandent pas tant d'eau, soit pour toûjours, soit pour vn temps seulement. I'ay traité amplement des premiers au Chap. 4. 5. 5. & 6. des Fontaines: Comme aussi des Tranchées soûterraines pour ramasser les Eeux au Chap. 3. 4, 5. I'ay déja icy beaucoup dit des seconds nommement en la Pratique precedente: Reste donc à parler des 3. & achever les secondr.

II. *Des Canaux à faire flotter le bois*; Paris ne subsiste que par cette invention, & par la multiplicité des canaux de cette sorte, qui se vont rendre & le bois qu'ils portēt, ou à la Seine, qui les porte dans Paris, ou à vne Riviere qui y entre, & luy fournissent sans charroy le bois des forests entieres, & nonobstant tout cela ie crains, que le manque ny commence par le bois, à cause du long temps d'vne part, que la nature demande à former les arbres d'vne grosseur suffisante pour faire des buches, & de la grande quantité de bois d'autre part, qui se consomme dans Paris, qui va croissant en estenduë, lors que les forests vont decroissant en bois. Et si on dit que les villes beaucoup plus grādes, comme sont les premieres de la Chine & d'autres Royaumes subsistent; C'est qu'elles sont ou en vn climat plus chaut pour ne consommer tant de bois, ou maritimes pour en auoir par la Mer: Comme aussi on parle d'en faire venir à Paris par Mer, ou ne sont peuplées n'ayant les maisons que de deux étages pour le plus. Plusieurs Villes pourroient se procurer de tels Canaux, qui repargnent bien des charroys pour auoir le bois des forests voisines. Et les Seigneurs pourront faire descendre le bois de leurs amples forests, qui y est sans debit soit dans vne Mer proche, soit dans vne Riviere voisine, & en assister les villes qui en manquent. En quoy les vendeurs & les acheteurs y trouveront du profit, & du gain.

III. *Trois choses y sont requises*; L'Eau en quantité, quoy que non en durée, la pente en suffisance, & la distribution de cette pente auec quelque regularité. Pour le 1er. l'eau du Ciel & des pluies durant l'Hyver ramassée dans vn Estang est absolument capable de faire flotter le bois d'vne forest: Pource que suffit qu'on puisse faire flotter durant l'Hyver seulement, & vne fois en chaque 15. iours ; à cause que chaque fois qu'on lâsche la bonde dans le Canal on fait flotter plusieurs milliers de buches. Or est-il que d'ordinaire les pluies sont frequentes & abondantes l'Hyver ; & si elles viennent en autre temps, on s'en peut servir. Les eaux à chaque pluie croistront en quantité selon que les terres penchantes qui reçoivent l'eau & la font couler dans l'Estang croistront en amplitude. Plusieurs Canaux pour Paris n'ont point d'autre eau que de pluie. Sur le 2. point la pente d'vn pouce sur 120. & d'vn pied en la distance du 120. est raisonnable, pour rendre le cours de l'eau ny trop rapide ny trop tardif. On peut, & on doit amoindrir telle pente, quand les eaux sont abondantes. I'adjouste le 3. point, pource que la cheute à plomp du haut en bas employant toute la pente en vn mesme endroit oste la distribution qu'on en pourroit faire : ce que fait encore vne trop grande vitesse, l'vne & l'autre met la confusion dans les buches, qui s'embarassent les vnes dans les autres, vrtent les bords, agrandissent le Canal, & ostent le moyen de les disposer comme il faut pour les faire avancer ; le trop peu de pente rend le mouvement tardif, de l'eau & des buches surnageantes, & la durée trop longue.

IIII. *L'Ordre dans l'execution.* Il consiste en trois points; le 1er. est, Au choix du chemin, lequel ne doit estre pris, qu'aprés auoir examiné les autres, & reconnu en chacun, ce qui peut servir ou nuire, au dessein; Il est bon de les marquer auec des picquets, qui auront les extremitez superieures du Niveau, & d'vne hauteur determinée sur le terrain, pour pouvoir par eux sçavoir jusques où il faut foussoyer pour auoir la pente requise suivant ce que j'ay dis en la 1re. partie c. 4. Le 2. point est vn essay: c'est à dire, vn petit Canal propre à faire flotter de la paille & des petites buches : pource qu'estat agrandi il servira à porter & conduire le gros bois. Le 3. est l'effet, c'est à dire, l'agrandissement de ce petit Canal, & l'accomplissement de l'ouurage: Le 1er. point nous donne la connoissance de tout le dehors: Le 2. du dedans des terres, de la facilité ou difficulté à les creuser; le méme nous fait voir qu'el sera le cours de l'eau ; & partant ce qu'il y faut conserver, sçavoir, ce où on remarque vn cours moderé ou chãger, sçavoir, ce où on le voit trop viste ou trop tardif, & ou la cavité est trop difficile pour auoir vn Canal parfait & accompli. La largeur de 3. pieds est suffisante pour auoir plus de profondeur: Outre que l'eau coulante & les buches l'agrandiront bien tost.

V. *Faire vn Canal à porter Batteaux dans des Rivieres navigables;*

mme cetuy-cy est vne vtilité, & importance d'autant plus grande, u'il porte des marchandises plus prétieuses, que ne sont les bois à brû-r; aussi demande-il davantage d'eau en profondeur, largeur, durée, des frais de beaucoup plus grands, pour luy preparer la cavité requi-à recevoir & contenir telles eaux; Des 3. points mis au nombre prece-ât pour l'ordre de l'execution le *10n.* de l'essay pour voir le dedās doit stre changé en des puys en plusieurs endroits: voyez le reste en la Pra-ue 5. Ie trouve trois de ces Canaux considerables; sçavoir, En France le Canal de Briare descri cy-dessus; En Flandre la fosse Eugeniene, qui à o. lieuës Françoises de lōgueur, prenāt depuis la Ville de Venlo dās la Meuse jusques à Rimbec dans le Rein; & vn que le Roy des petits Tar-ares à fait creuser, qui prend du Tanais ou du Don, qui se décharge à a Palu-meotide, & de la au Pont-Euxin jusques à Volga, qui va l'vn costé à la Mer Caspre, & de l'autre à la Mer blanche, ce qui fait qu'on peut naviger toutes les Mer sans prendre terre.

VI Conclusion, *Les moyens de donner à vne Maison, à vne Ville, u Bourg de l'Eau par Art, qui en manque par nature*; Puisque toutes es eaux sont comprises en 4. Reservoirs expliquez es 5. premiers Pa-agraphes du Chap. .. des Fontaines, il n'en faut pas esperer d'autre art: Et d'autant que le *10n.* des neges ne nous est pas propre pour rem-lir le vuide du papier qui reste, ie fay trois propositions sur les trois utres. La 1e. On peut en 3. façons se servir du 1er. Reservoir & de l'eau le pluye. La 1e. est, la faisant tomber sur quelques tois amples, soit de a Maison mesme, soit d'vne autre voisine ou d'vne Grange, & de là lans vne ou deux Cysternes de chaque costé vne, & de cette-cy par des Tuyaux dans les Offices, & autres lieux destinez en la maniere descrite u Chap. 3. §. 2. & au Chap. 8. §. 3. C'est mettre vne source de bonne au dans sa propre Maison: C'est repargner les frais qu'il faut faire soit n la longue conduite des Tuyaux, soit en leur entretié & reparations necessaires de temps en temps. C'est retenir & reserver l'eau lors qu'el-e est trop abondante, pour vn temps où elle est manquante. Si on dit qu'elle ne coulera pas toûjours; suffit que ce soit quand on en aura be-oin. La 2e. se pratique sur vn ample estenduë & surface de terre A. qui doit estre plus haute que le lieu du rendez-vous vn peu penchante, & bornée de deux petits fossés N. I. & M. I. concourans en I. rend l'eau le pluie, qu'elle reçoit par I. dans vne Cysterne sousterraine B. & de là par vn Tuyau C. en son rendez-vous, où il y à vn Robinet H. plus bas que B. l'eau y est d'autant plus abondante, que la surface A à moins de pente, & plus d'amplitude, que ne sont les tois en la 1e. façon. Cette surface A. peut estre ou d'vn conroy en bas & de la terre dessus, ou d'vn

Rocher & lieu pierreux, auquel il ne faudroit rien que boucher les fentes auec bon Ciment ou Mastic. Elle peut encore estre couuerte d'herbes pour arrester les impuretez ; On peut encore la couurir d'vn pavé de briques, d'ardoises, de pierres plattes, d'vn cyment durcy, d'ais, &c Il est bon de mettre dās les fossez & mesme sur le pavé si l'ō veut du sable net, qu'on nettoyra de temps en temps aussi bien que le pavé. Vous en trouverez l'vtilité, & la capacité d'escrite au Chap. 3, §. 4. nombre 3. des Fontaines. La 3. façon est de faire vn Estang grand ou petit selon l'vsage qu'on prétend en la maniere declarée à la Prat, 3. de cette 2. partie.

Proposition 2. L'Eau du 3. Reservoir peut venir à vne maison par sa propre grauité, si elle est plus haute: Ce qui se peut trouver és Rivieres où l'on monte tousiours allant vers la source, comme l'on descend allant à l'opposite. D'où s'ensuit que la Maison placée entre d'eux aura vn point dans la Riviere plus haut qu'elle, d'où on fera venir l'eau ; si l'empeschement de la trop grāde distance ou autre n'arreste le dessein. Si cecy ne révssit pas, il faut faire monter l'eau par artifice. I'en donne les moyens dans deux Traitez, l'vn intitulé l'Art de faire monter l'Eau sur sa Source; l'autre est le Chap. 3. des Fontaines.

Prop. 3. Les eaux du 4. Reservoir peuuent venir en vne Maison ou par les sources qui en sortes, ou par celles qu'on peut découurir, ou par celles qu'on peut faire, soit par des Carrieres, qui d'ordinaire ont plusieurs veines d'vne eau permanente, & qu'on peut aisément acroistre en creusant davantage, ramasser & conduire ; soit par les Tranchées qui receuront & amasseront grande quantité d'eau d'vne Montagne, si on les fait longues, & quasi de Niveau, ne leur donnant de la pente qu'autant qu'il en faut pour faire couler l'eau, & concourir au lieu qu'on a choisi. On trouvera tout cecy amplement déduit au Traité des Fontaines.

Soli Deo Honor & Gloria.

www.ingramcontent.com/pod-product-compliance
Ingram Content Group UK Ltd.
Pitfield, Milton Keynes, MK11 3LW, UK
UKHW012039240726
13965UKWH00003B/901